新世界少年文库

未来少年

FOR FUTURE YOUTHS

食品安全探秘

小多（北京）文化传媒有限公司 编著

新世界出版社
NEW WORLD PRESS

U0178717

图书在版编目（ＣＩＰ）数据

食品安全探秘 / 小多（北京）文化传媒有限公司编
著 . -- 北京：新世界出版社，2022.2
（新世界少年文库 . 未来少年）
ISBN 978-7-5104-7373-9

Ⅰ . ①食… Ⅱ . ①小… Ⅲ . ①食品安全 – 少年读物
Ⅳ . ① TS201.6-49

中国版本图书馆 CIP 数据核字 (2021) 第 236408 号

新世界少年文库 · 未来少年

食品安全探秘 SHIPIN ANQUAN TANMI

小多（北京）文化传媒有限公司　编著

责任编辑：王峻峰
特约编辑：阮　健　刘　路
封面设计：贺玉婷　申永冬
版式设计：申永冬
责任印制：王宝根
出　　版：新世界出版社
网　　址：http://www.nwp.com.cn
社　　址：北京西城区百万庄大街 24 号（100037）
发 行 部：（010）6899 5968（电话）　　（010）6899 0635（电话）
总 编 室：（010）6899 5424（电话）　　（010）6832 6679（传真）
版 权 部：+8610 6899 6306（电话）　　nwpcd@sina.com（电邮）
印　　刷：小森印刷（北京）有限公司
经　　销：新华书店
开　　本：710mm×1000mm　1/16　尺寸：170mm×240mm
字　　数：113 千字　　　　　　　印张：6.25
版　　次：2022 年 2 月第 1 版　2022 年 2 月第 1 次印刷
书　　号：ISBN 978-7-5104-7373-9
定　　价：36.00 元

编委会

阅读优秀的科普著作
是愉快且有益的

  目前，面向青少年读者的科普图书已经出版得很多了，走进书店，形形色色、印制精良的各类科普图书在形式上带给人们眼花缭乱的感觉。然而，其中有许多在传播的有效性，或者说在被读者接受的程度上并不尽如人意。造成此状况的原因有许多，如选题雷同、缺少新意、宣传推广不力，而最主要的原因在于图书内容：或是过于学术化，或是远离人们的日常生活，或是过于低估了青少年读者的接受能力而显得"幼稚"，或是仅以拼凑的方式"炒冷饭"而缺少原创性，如此等等。

  在这样的局面下，这套"新世界少年文库·未来少年"系列丛书的问世，确实带给人耳目一新的感觉。

  首先，从选题上看，这套丛书的内容既涉及一些当下的热点主题，也涉及科学前沿进展，还有与日常生活相关的内容。例如，深得青少年喜爱和追捧的恐龙，与科技发展前沿的研究密切相关的太空移民、智能生活、视觉与虚拟世界、纳米，立足于经典话题又结合前沿发展的飞行、对宇宙的认识，与人们的健康密切相关的食物安全，以及结合了多学科内容的运动（涉及生理学、力学和科技装备）、人类往何处去（涉及基因、衰老和人工智能）等主题。这种有点有面的组合性的选题，使得这套丛书可以满足青少年读者的多种兴趣要求。

  其次，这套丛书对各不同主题在内容上的叙述形式十分丰富。不同于那些只专注于经典知识或前沿动向的科普读物，以及过于侧重科学技术与社会的关系的科普读物，这套丛书除了对具体知识进行生动介绍之外，还尽可能地引入了与主题相关的科学史的内容，其中有生动的科学家的故事，以及他们曲折探索的历程和对人们认识相关问题的贡献。当然，对科学发展前沿的介绍，以及对未来发展及可能性的展望，是此套丛书的重点内容。与此同时，书中也有对现实中存在的问题的分析，并纠正了一些广泛流传的错误观点，这些内容将对读者日常的行为产生积极影响，带来某些生活方式的改变。在丛书中的几册里，作者还穿插介绍了一些可以让青少年读者自己去动手做的小实验，这种方式可以令读者改变那种只是从理论到理论、从知识到知识的学习习惯，并加深他们对有关问题的理解，也影响到他们对于作为科学之基础的观察和实验的重要性的感受。尤其是，这套丛书既保持了科学的态度，又体现出了某种人文的立场，在必要的部分，也会谈及对科技在过去、当下和未来的应用中带来的或可能带来的负面作用的忧虑，这种对科学技术"双刃剑"效应的伦理思考的涉及，也正是当下许多科普作品所缺少的。

最后，这套丛书的语言非常生动。语言是与青少年读者的阅读感受关系最为密切的。这套丛书的内容在很大程度上是以青少年所喜闻乐见的风格进行讲述的，并结合大量生动的现实事例进行说明，拉近了作者与读者的距离，很有亲和力和可读性。

总之，我认为这套"新世界少年文库·未来少年"系列丛书是当下科普图书中的精品，相信会有众多青少年读者在愉悦的阅读中有所收获。

刘 兵

2021 年 9 月 10 日于清华大学荷清苑

在未来面前，永远像个少年

　　当这套"新世界少年文库·未来少年"丛书摆在面前的时候，我又想起许多许多年以前，在一座叫贵池的小城的新华书店里，看到《小灵通漫游未来》这本书时的情景。

　　那是绚丽的未来假叶永烈老师之手给我写的一封信，也是一个小县城的一年级小学生与未来的第一次碰撞。

　　彼时的未来早已被后来的一次次未来所覆盖，层层叠加，仿佛一座经历着各个朝代塑形的壮丽古城。如今我们站在这座古老城池的最高台，眺望即将到来的未来，我们的心情还会像年少时那么激动和兴奋吗？内中的百感交集，恐怕三言两语很难说清。但可以确知的是，由于当下科技发展的速度如此飞快，未来将更加难以预测。

　　科普正好在此时显示出它前所未有的价值。我们可能无法告诉孩子们一个明确的答案，但可以教给他们一种思维的方法；我们可能无法告诉孩子们一个确定的结果，但可以指给他们一些大致的方向……

　　百年未有之大变局就在眼前，而变幻莫测的科技是大变局中一个重要的推手。人类命运共同体的构建，是一项系统工程，人类知识共同体自然是其中的应有之义。

　　让人类知识共同体为中国孩子造福，让世界的科普工作者为中国孩子写作，这正是小多传媒的淳朴初心，也是其壮志雄心。从诞生的那一天起，这家独树一帜的科普出版机构就努力去做，而且已经由一本接一本的《少年时》做到了！每本一个主题，紧扣时代、直探前沿；作者来自多国，功底深厚、热爱科普；文章体裁多样，架构合理、干货满满；装帧配图精良，趣味盎然、美感丛生。

这套丛书，便是精选十个前沿科技主题，利用《少年时》所积累的海量素材，结合当前研究和发展状况，用心编撰而成的。既是什锦巧克力，又是鲜榨果汁，可谓丰富又新鲜，质量大有保证。

　　当初我在和小多传媒的团队讨论选题时，大家都希望能增加科普的宽度和厚度，将系列图书定位为倡导青少年融合性全科素养（含科学思维和人文素养）的大型启蒙丛书，带给读者人类知识领域最活跃的尖端科技发展和新锐人文思想，力求让青少年"阅读一本好书，熟悉一门新知，爱上一种职业，成就一个未来"。

　　未来的职业竞争几乎可以用"惨烈"来形容，很多工作岗位将被人工智能取代或淘汰。与其满腹焦虑、患得患失，不如保持定力、深植根基。如何才能在竞争中立于不败之地呢？还是必须在全科素养上面下功夫，既习科学之广博，又得人文之深雅——这才是真正的"博雅"、真正的"强基"。

　　刚刚过去的2021年，恰好是杨振宁99岁、李政道95岁华诞。这两位华裔科学大师同样都是酷爱阅读、文理兼修，科学思维和人文素养比翼齐飞。以李政道先生为例，他自幼酷爱读书，整天手不释卷，连上卫生间都带着书看，有时手纸没带，书却从未忘带。抗日战争时期，他辗转到大西南求学，一路上把衣服丢得精光，但书却一本未丢，反而越来越多。李政道先生晚年在各地演讲时，特别爱引用杜甫《曲江二首》中的名句："细推物理须行乐，何用浮名绊此身。"因为它精准地描绘了科学家精神的唯美意境。

　　很多人小学之后就已经不再相信世上有神仙妖怪了，更多的人初中之后就对未来不再那么着迷了。如果说前者的变化是对现实了解的不断深入，那么后者的变化则是一种巨大的遗憾。只有那些在未来之谜面前，摆脱了功利心，以纯粹的好奇，尽情享受博雅之趣和细推之乐的人，才能攀登科学的高峰，看到别人难以领略的风景。他们永远能够保持少年心，任何时候都是他们的少年时。

莫幼群

2021 年 12 月 16 日

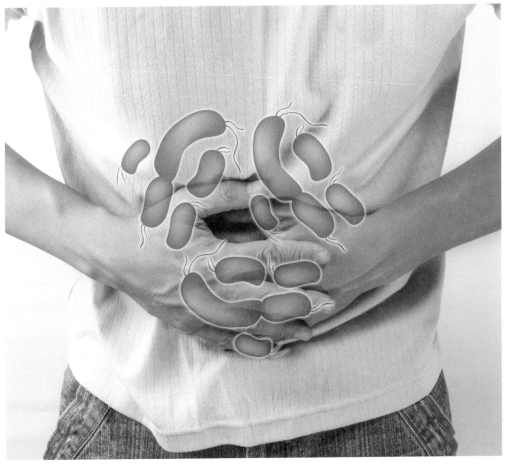

胃肠病学家使用数字 X 射线人体肠道全息扫描仪进行检查

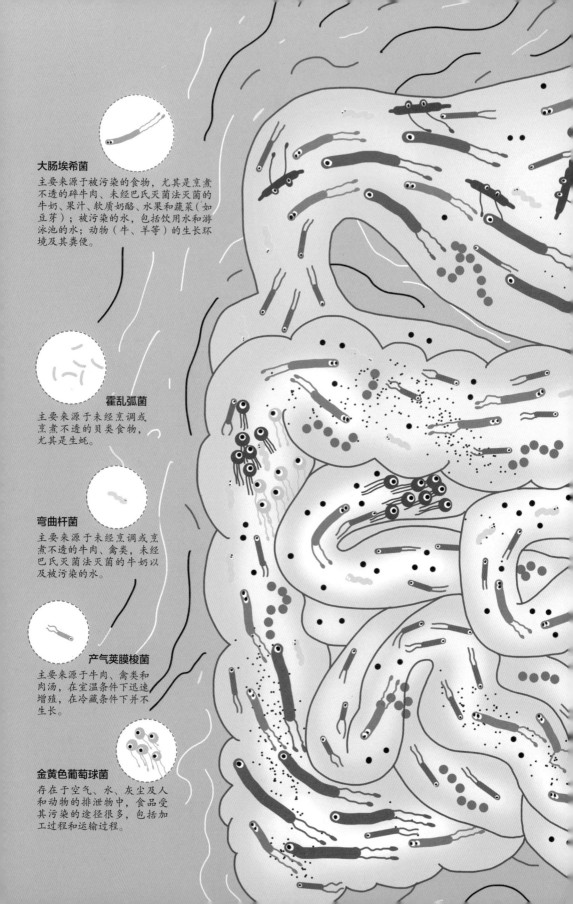

大肠埃希菌
主要来源于被污染的食物，尤其是烹煮不透的碎牛肉、未经巴氏灭菌法灭菌的牛奶、果汁、软质奶酪、水果和蔬菜（如豆芽）；被污染的水，包括饮用水和游泳池的水；动物（牛、羊等）的生长环境及其粪便。

霍乱弧菌
主要来源于未经烹调或烹煮不透的贝类食物，尤其是生蚝。

弯曲杆菌
主要来源于未经烹调或烹煮不透的牛肉、禽类，未经巴氏灭菌法灭菌的牛奶以及被污染的水。

产气荚膜梭菌
主要来源于牛肉、禽类和肉汤，在室温条件下迅速增殖，在冷藏条件下并不生长。

金黄色葡萄球菌
存在于空气、水、灰尘及人和动物的排泄物中，食品受其污染的途径很多，包括加工过程和运输过程。

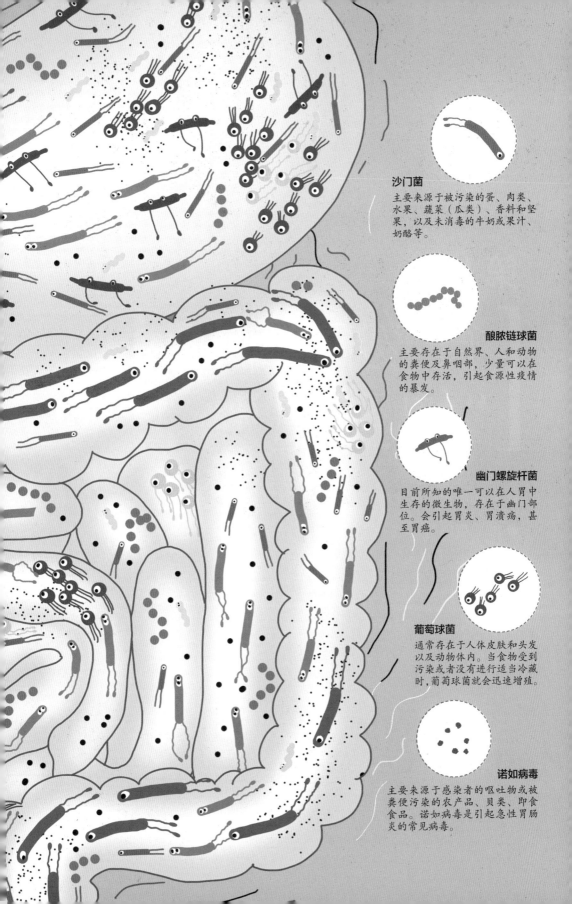

沙门菌
主要来源于被污染的蛋、肉类、水果、蔬菜（瓜类）、香料和坚果，以及未消毒的牛奶或果汁、奶酪等。

酿脓链球菌
主要存在于自然界、人和动物的粪便及鼻咽部，少量可以在食物中存活，引起食源性疫情的暴发。

幽门螺旋杆菌
目前所知的唯一可以在人胃中生存的微生物，存在于幽门部位。会引起胃炎、胃溃疡，甚至胃癌。

葡萄球菌
通常存在于人体皮肤和头发以及动物体内。当食物受到污染或者没有进行适当冷藏时，葡萄球菌就会迅速增殖。

诺如病毒
主要来源于感染者的呕吐物或被粪便污染的农产品、贝类、即食食品。诺如病毒是引起急性胃肠炎的常见病毒。

第1章

[食物内部的]
"捣蛋鬼"

- 有趣的食物进化史
- 解码变质的食物
- 微生物界的那些"奇葩"
- 感染沙门菌的黄瓜
- 无处不在的大肠杆菌
- 臭豆腐的"修炼手册"

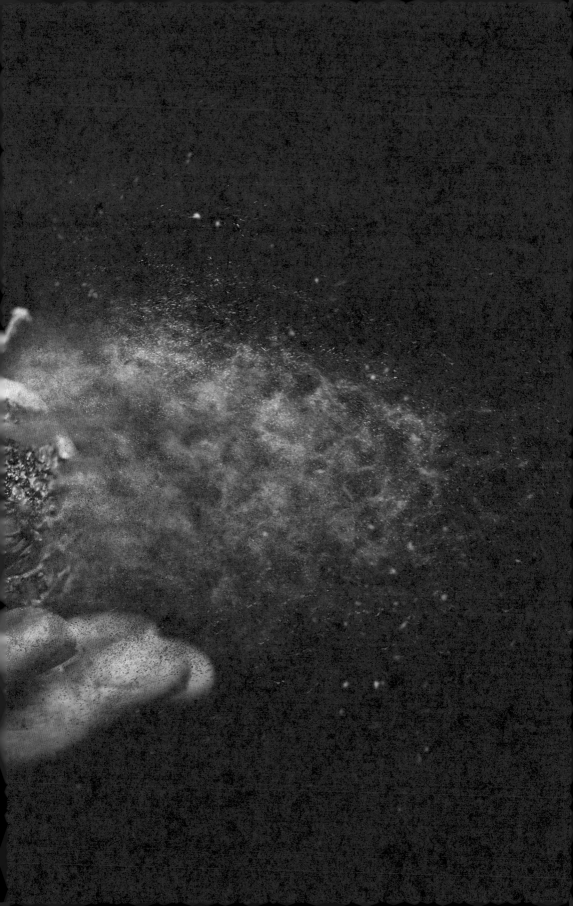

有趣的
食物进化史

66

　　希尔来自一个饮食单一的外星球，在对人类饮食进行了一番研究之后，发现有四个地方令他非常吃惊：不同人类种群的饮食有着巨大的差异；人类大部分食物来自农耕和养殖，采集和狩猎只是极少数人的生计方式；人类还掌握了复杂的处理食物的方法——烹饪；最让他感到疑惑的是，人类的饮食还衍生出了一种叫作"饮食文化"的东西。

　　"食物难道不就是为维持生命提供能量的吗？人类这种古怪的生物居然搞出了这么多名堂！"带着满腹的疑问，希尔决定仔细研究一下人类的发展史，看看人类饮食究竟是如何演变成如此繁复又多元化的，以及有没有可能把地球的饮食引入到自己的星球。

99

早期人类吃什么？

希尔翻阅了人类考古学家关于牙齿化石的文献，发现旧石器时代（前后大约250万年，一直延续到1万年前农耕大规模出现）的人类的食物基本上来自捕猎或者采集，比如鱼和其他动物的肉，以及浆果、树叶、坚果、昆虫、蘑菇和草本植物。他们的牙齿形态就是证据。考古学家发现了很多旧石器时代人类的牙齿（比如可以咬断青草的门齿和臼齿，以及能够撕裂肉类的犬齿）化石。

一位叫莱斯利·艾洛（Leslie Aiello）的人类考古学家曾在一次采访中说："在230万年前，我们的祖先开始吃肉，这是人类进化史上意义非凡的一步。"艾洛还说："实际上，我们的祖先还'分享'过野狗和土狼的唾液，因为我们在化石中发现了绦虫，这说明人类吃的肉类其实是食腐动物吃剩下的。"希尔发现，一些动物化石上保留着屠宰痕迹，这说明早期人类已经懂得利用石斧等工具凿开骨头，获取里

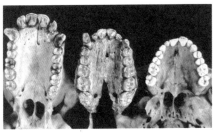

科学家比较了黑猩猩、阿法南方古猿和现代人类牙齿（从左到右），推测出人类从230万年前开始吃肉

面营养丰富的骨髓了。

"可是，早期人类为什么懂得把肉类和骨髓列入自己的饮食清单呢？"希尔琢磨着，快速地翻阅研究资料，试图从中找到答案。然而，人类科学家并没有找到实质性的证据，只是推断这种行为的出现也许只是源自偶然。早期人类在一次狩猎中获得了肉类，在碎裂骨头中取出了骨髓，他们发现吸食这种东西能让他们获益，不仅不容易饥饿，也使身体变得更高大，这些变化让他们形成了一种也许并无意识的认识——肉类和骨髓能给他们提供更多的能量。于是，人类的饮食结构渐渐地从以植物性食物为主向以动物性食物为主转变。

希尔发现，导致人类饮食结构变化的还有另一个更为重要的因素，那就是食肉使人类的脑容量增加。人类变得更加聪明，也渐渐地从众多动物中脱颖而出，成为地球上最高等的生物。不同时期的人类头骨化石清晰地呈现出这一变化，这也解释了人类的颌骨和牙齿变得越来越小的原因——人类已经开始制造和使用工具，不需要大而锋利的牙齿就可以切碎食物。与此同时，人类的小肠长度也在不断增加，这也使人类越来越适应多吃肉、少吃植物的饮食结构。类人猿与人类有着相同的祖先，不同的是它们主要以植物性食物为生，因此它们的肚子

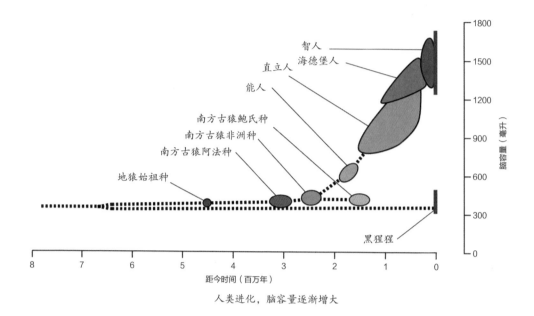

智人
海德堡人
直立人
能人
南方古猿鲍氏种
南方古猿非洲种
南方古猿阿法种
地猿始祖种
黑猩猩

脑容量（毫升）

1800
1500
1200
900
600
300
0

距今时间（百万年）
8   7   6   5   4   3   2   1   0

人类进化，脑容量逐渐增大

被结肠填满了。

后来，早期人类发现火可以烧熟食物，于是他们很少再吃生冷的食物，身体也可以更好地吸收食物中的营养。人类科学家也把这个变化作为解释早期人类脑容量增加的一个重要原因。

农业加速食物"进化"

希尔在研究中发现，尽管早期人类变得越来越聪明，但自然界中依然存在许多人类无法抗衡的因素，比如地球环境的变化。环境的变化导致植物大量减少，让以采集树叶、坚果为食的早期人类部落陷入了绝境。许多早期人类灭绝了，只有一部分活了下来，不断繁衍、进化。

这些早期人类部落之所以如此幸运，很大程度上是因为他们似乎掌握了一种让食物得以延续的方法，当然那时的他们并不知道他们的做法已经促成了人类进化的巨大飞跃。因为他们不过是采摘了一些植物的果实，又不经意地把它们撒到了某个地方——也许只是不小心掉落在某个角落，植物的种子就这样被播向了远方，农业就此萌芽。

早期人类慢慢发现，植物生长有一定的周期，它们会定期开花、结果。于是，他们开始从原来居无定所的游猎生活向定居生活转变。在定居地，他们等待植物发芽、开花和结果，也不再把猎捕到的动物全部杀掉，而是就地圈养起来。他们不再需要到处去寻找食物，因为

ω-6：ω-3   1：1   10：1 20：1

400万年前   100万年前   1850 1950 2000

人类饮食中 ω-6 脂肪酸与 ω-3 脂肪酸比例的变化

仅靠种植作物和饲养动物就足以维持生活。

这一时期，早期人类依然以肉类为主食，不过他们已经开始食用更多的谷物，并逐渐减少了饮食中水果和蔬菜的分量。随着农业的发展，他们甚至学会了对谷物进行加工，并制作出酒精和糖。

但是，这种进步也给早期人类带来了负面影响。一方面，由于不需要劳动就能获得食物，他们的活动量大大减少。另一方面，以肉为主、谷物为辅的饮食结构打破了营养的均衡，而原先以植物性食物为主的饮食结构更有利于身体健康。

"随着人类自然进化而演变出来的食物，相对来讲似乎比较安全。"希尔想，"但是，处于数字化时代的人类科学家（他们脑袋里装满了科技却用快餐果腹）似乎并不以为然，他们正在搜集旧石器时代的一些线索，试图追溯现代人类饮食失衡和疾病频发的原因。"

福祸相依的烹饪

说到烹饪，这应该算是地球人类最伟大的发明之一。自从发现火烤的食物更好吃，人类就在不断地钻研处理食物的方法，并掌握了火的使用方法。为了让食物更营养美味，他们还发明了"火候"这个词，也就是说食材要在最恰当的时机放入锅中，当然也要在适当的时刻取出。火候直接决定了食物的色泽、形态、味道和口感，在法国高级西餐厅，厨师要严格控制烹饪的时间，甚至需要精确到秒。

尽管地球上的人类不断追求越来越卓越的食物味道和品质，但是他们也越来越清醒地认识到，美味的食物也存在一些负面影响。这可能就是人类常说的"鱼与熊掌不可兼得"。比如，英国德蒙福特大学的生物分析化学和化学病理学教授马丁·格鲁特维尔德（Martin Grootveld）发现，某些植物油在高温烹调过程中会产生大量醛类物质，这些醛类

制作考究的法餐

韩式石锅拌饭

北京烤鸭

印度传统美食

物质可能诱发多种疾病。一份普普通通的用植物油烹饪而成的炸鱼和炸薯条中，醛类化合物的含量超出了世界卫生组织健康标准 100~200 倍，这种物质与癌症等一些严重的疾病相关。

于是，人类开始重新审视他们的食物。植物油可是人类一直推崇的食用油，他们认为植物油中含有很多有益健康的成分，那可是从植物种子中经过复杂的工艺提炼出来的——他们当初可是对这项技术相当得意呢！除了植物油，他们发现食品添加剂似乎也没那么好，尽管这也是人类非常"成功"的发明创造，可以改善食物的味道、口感和色泽。越来越多的研究发现，这些让食物变得更美味的东西有些其实对人的身体有害。为了健康，他们只好放弃部分味道。

看到这里，希尔突然有了"还好自己不是人类"的想法。

人类的饮食文化

最考验希尔认知极限的，是随着人类食物的演化，竟然衍生出了一种叫作"饮食文化"的东西。

由于地域和人类部落的差异，人类的饮食也渐渐变得多元化。希尔对人类饮食的种类进行了统计，发现单以地域划分，人类的食物就分为中餐、西餐、印度餐、韩餐、日本料理等，更不用说每个类别里面细分的品系。而且，就算同一个品系，或者同一样菜肴，不同地区的烹饪方法也不尽相同。

"人类真是古怪，竟然在吃这件事上花费了那么多的时间和精力！"对此希尔有些不解，随后他发现，人类非常热衷于食物在果腹以外更深层次的内涵，比如文化和传统、食物制作方法的传承，饮食甚至还成为一种艺术。

日本是最能体现饮食艺术的国度之一。怀石料理（Kaiseki）一直以一丝不苟的制作过程和美观雅致的呈现形式而闻名。当然，这也是顶级的日本料理。怀石料理体现日本的审美风格，它极其讲求精致，对餐具和摆盘都要求极高。怀石料理极为复杂，可以与法国的高级大餐媲美。怀石料理并没有固定的菜谱，每道菜都体现匠人独有的想象力和创造力。就像法国大餐分为头盘、二道、主菜和甜品一样，一整套怀石料理竟然有14道菜。除了餐食繁复多样，用餐时的礼仪也非常讲究。比如筷子需要横放，不能用筷子去插难以夹持的食物等。

基于饮食文化，人类会花大量的时间制作、品尝和研究食物，由此产生了许多美食家、营养学家；就连制作食物的所谓"掌勺"的人，也有级别差异；更不用说那些追求新奇技术的人，他们更是赋予食物

日本怀石料理

先付（开胃用的小菜，调味轻盈，质感清新），八寸（以季节为主题的菜色），向付（季节性生鱼片），煮合（蔬菜、鱼、肉、豆腐等焖煮而成），盖物（汤或茶碗蒸），烧物（季节性鱼类烧烤），酢肴（以醋腌制的小菜），冷钵（用冰镇容器盛的食物），中猪口（酸味的汤），强肴（主菜，烤制或煮制的肉、鱼等），御饭（以米饭为主的菜），香物（季节性腌制蔬菜），止椀（酱汤）和水物（餐后甜点）。

一些新的内涵，比如发明了一种叫"3D打印机"的东西，可以随心所欲地打印出各种造型的食物，这也是希尔闻所未闻的。

但是，希尔觉得把大量时间花在食物上有些小题大做。"可怜的人类，还好我们星球没有把吃这件事搞得如此复杂！毕竟，食物对我们来说只是提供能量的东西！"希尔轻轻叹了一口气，他决定离开地球了，"对地球人类饮食的研究，还是止步于此吧。"

解码变质的食物

66

作为生物的一种，微生物和人类一样，也是需要"吃饭"的。只有在营养充足、环境适宜的情况下，微生物才能够"茁壮成长"。只不过，微生物吃的东西比较特殊……

99

"偏食"的微生物

同其他的生物一样，微生物的生存离不开"食物"。微生物生活所需要的物质和其他生物差不多，除了必需的水之外，还需要碳、氮、磷、硫等元素。有些微生物能够利用这些元素合成生存所需的蛋白质、糖类等营养物质，有些则需要直接吸收食物中的营养。微生物吸收营养的方式跟其他生物一样，即营养物质一定要溶解到水中才能被吸收。

微生物也有自己偏爱的食材。有的喜欢利用蛋黄里面的氮，比如实验室中肉毒杆菌的培养基就是卵黄琼脂培养基；还有的喜欢"吃"马铃薯，比如酵母菌、霉菌等，实验室培养这两类微生物用的是马铃薯葡萄糖培养基。也正是因为不同微生物有不同的偏好，它们才常常出现在不同的食物中。

除了营养物质和水分，微生物对生存环境（温度、酸碱度等）也有一定的要求。

微生物只有在一定的温度范围内才会生长。微生物能够生长的最低温度叫作"最低生长温度"，能够生长的最高温度叫作"最高生长温度"。在最适合的温度下，微生物的生长繁殖速度最快。还有一个特别的现象——绝大部分微生物怕热不怕冷。在极低的温度下，它们会停止一切不必要的生命活动，只保证自己还活着；而在高温条件下，微生物基本就只剩死路一条。

生活环境的酸碱度也与微生物的生长密切相关。任何微生物都有适宜生长的酸碱度范围，过酸或者过碱都会损伤微生物。

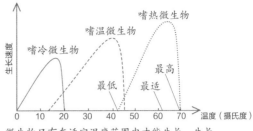

微生物只有在适宜温度范围内才能生长，生长速度最快时对应的温度为最适温度

都是微生物在捣鬼

日常生活中，你一定看到过头长绿毛的馒头和散发着酒气的苹果吧？当食物身上出现这些奇怪的附加品时，它们就已经开始变质了。如果不及时进行处理，这些食物最终就会腐烂，变成一摊散发臭气的垃圾。好好的食物，为什么会变质腐烂呢？让食物变质腐烂的"幕后黑手"就是微生物。

任何食物的表面都生活着多种多样的微生物。当然，不同的微生物喜欢不同的食物，所以由于食物种类的不同，它们变质腐烂的过程也有区别。而且在腐烂的不同阶段，食物上面分布的微生物也有区别。科学家对苹果

在马铃薯培养基上生长的青霉菌

曲霉属真菌

发霉的面包

食物腐烂的过程就是微生物生长的过程

进行了研究,发现生活在苹果表面的主要是青霉菌、酵母菌和曲霉菌,其中的酵母菌就是让腐烂的苹果散发出酒气的"真凶",因为酵母菌在生长过程中会利用营养物质生成乙醇(俗称"酒精")。馒头或者面包变质之后,表面常常会长出绿毛,仔细观察你会发现这些绿毛彼此交织在一起。这些绿毛就是青霉菌的菌体。

实际上,食物腐烂的过程就是微生物利用食物合成自身所需的营养物质,并产生副产品的过程。这些副产品常常带有令人作呕的味道,与副产品一起产生的还有水,所以我们见到的腐烂食物常常是稀软的。

彼之砒霜,我之蜜糖

在细菌的生活环境中,氧气的作用很奇特,它对某些细菌来说是甜美的蜜糖,是生命中不可或缺的成分;但对另一些细菌来说,氧气就是致命的砒霜,只要环境中有氧气存在,这些细菌就无法生存。

真空包装能延长
食物保质期

必须在氧气存在的情况下才能够正常生活和繁殖的细菌,叫作"好氧菌"。而生存环境中如果存在氧气,就像被扼住了喉咙,无法生存的细菌,人们给它们起名叫"厌氧菌"。除此之外,还有一类细菌在有氧气存在的情况下活得更好,但是,没有氧气的时候也能活着,它们被称为"兼性厌氧菌"。这类细菌在有氧气的时候会正常生长和繁殖,没有氧气的时候则仅调动很少的能量,只保证自己的生存。对人体有害的大部分细菌属于兼性厌氧菌,比如大肠杆菌、金黄色葡萄球菌等。

了解了氧气与细菌的关系之后,我们就能够自己思考一些控制细菌生长和繁殖的方法。对于好氧菌,我们可以想方设法切断氧气供应来消灭它们;对于厌氧菌,我们可以在它们的生存环境中充入氧气,这样它们就无法生存下去了;对于兼性厌氧菌,因为其在有氧和无氧条件下都能生存,但是在无氧条件下会减缓增殖,所以可以通过切断氧气供应的方法来减缓其生长繁殖,这也是真空包装能够延长食物保质期的原因。

"保险箱"并不安全

我们知道,只有在适宜的温度下,微生物才能够正常生长繁殖;而冰箱温度较低,大部分微生物并不能迅速

把食物放入冰箱低温保存可以延长食物保鲜期

地进行繁殖，因此冰箱可以延长食物的保鲜期。于是，很多人把冰箱当作食品的"保险箱"，食物买回来之后，不管三七二十一就扔进冰箱里，似乎这样做食物就不会坏掉。事实上，把食物放进冰箱并不能从根本上防止食物的变质和腐败，冰箱的低温只是延缓了食物变质和腐败的过程。微生物无处不在，如果保存不当，冰箱也可能变成"垃圾箱"。

那么，如何控制微生物的生长和繁殖，让冰箱中的食物保存时间更长一些呢？由于引起食物腐败的微生物大部分是好氧的，因此我们可以尽量避免食物接触氧气，以使食物保存时间更长。比如，在储存食物的时候，把盖子拧紧或者把袋子里面的空气挤出去；不要让食物裸露在外面接触空气，最好用保鲜膜或者保鲜袋包好之后再放进冰箱；此外，储存容器与食物也要尽量匹配，如果容器太大的话，食物就会接触更多的空气。

由于温度在微生物的生长繁殖中扮演着非常重要的角色，因此冰箱温度的设置非常关键，温度稍微高一点儿就会加速食物的变质。为了避免食物的腐败，如果大块食物一次吃不完，尽量分成小块来储存；不要反复解冻，因为反复解冻不仅会让食物接触更多的空气，而且食物升温解冻之后微生物的数量会大幅度增加。此外，不要把热的食物直接放进冰箱，因为这样做不仅会损坏冰箱，还会升高冰箱内的温度，加速冰箱内其他食物的腐败。

熟悉了微生物的"食谱"，我们就可以轻而易举地控制微生物的生长。如果某种微生物对人体有益，我们就可以提供良好的环境，让它们大量生长繁殖，比如酸奶中的乳杆菌、酿酒时使用的酵母菌；反过来，如果某种微生物会破坏食物营养、危害人体健康，我们就可以直接切断它的营养源，消灭它。

微生物界的那些"奇葩"

热水里"洗澡"的家伙

微生物都有自己喜欢的生存环境。大部分的微生物喜欢在温度为16~30℃的范围内生长，在37~43℃生长的已经算是耐热微生物了。但是总有那么一部分微生物与众不同，它们喜欢生活在超高温的环境中，比如火山口、高温废水池等地方，它们被统称为"嗜热菌"。目前已知的最耐热的细菌是在意大利的海底火山口附近发现的，它能够在85~110℃的环境中生存，最喜欢的温度是105℃，这个温度比开水温度还要高。它也是严格的厌氧菌，暴露在氧气中几分钟就会死掉。

不怕冻的"寒冷幽灵"

比起不怕热的家伙，"嗜冷菌"对人类的威胁要大得多。由于嗜热菌喜欢高温环境，因此在人类生存的温度中它们可能会失去繁殖的能力，但是嗜冷菌却很喜欢寒冷的环境，这让冰箱里的食物面临着很大的威胁。一种叫作"李斯特菌"的细菌存在于很多食物中，鲜牛奶中尤其常见。它在4℃的环境中依然能生长繁殖，因此冰箱并不能阻止这种细菌破坏食物。更为可怕的是，它还能让人类患上败血症、脑膜炎等疾病。所以食物最好不要存放太长时间，及时"消灭"才是王道。

牛奶中可能存在的李斯特菌

位于美国怀俄明州黄石国家公园的黑沙间歇泉盆地，翡翠湖的四周聚集了一圈橙色的嗜热菌

"重口味"的嗜盐菌

顾名思义,嗜盐菌就是口味很重、超爱"吃"盐的细菌。我们生活中常见的用盐腌制的食品是它们最喜欢的食物,比如咸菜、咸鱼等。除了这些腌制食品,高盐的海产品也是它们的最爱,如海贝、海蟹等。在温度适宜的夏天,10个嗜盐菌在三四个小时内就能繁殖出数百万个后代,这个速度非常可怕,更可怕的是我们的眼睛看不到、鼻子闻不到。人类误食被嗜盐菌污染的食物,通常会出现腹泻、腹痛等症状。不过如果能够及时治疗,两三天就能恢复健康。嗜盐菌看起来可怕,实际上只要在进食食物时稍加注意就可以避免嗜盐菌的伤害,如在食用可以生吃的海产品或腌制食品之前用淡水涮一涮。嗜盐菌还有怕热怕酸的弱点,所以加热和用醋调味也可以避免嗜盐菌对我们身体的不利影响。

海盐中的嗜盐菌

喜欢"刺激"的嗜酸乳杆菌

在人体中,胃液的pH很低(2.0左右),酸性很强,这让胃成了一个天然的"消毒车间",大部分通过消化道进入体内的微生物无法抵挡胃液的腐蚀。因此,胃中的微生物很少,人体内大部分微生物,比如各种益生菌,分布于小肠。但是,其中也有一群非常"奇葩"的益生菌——嗜酸乳杆菌,它们最喜欢寻求刺激,甚至有些已经把自己的"家"安在了胃里。这类细菌可以释放乳酸、醋酸,还有抑菌素,不过抑菌作用比较弱。它们最重要的功能是调整人体的菌群平衡,抑制不良微生物的增殖。

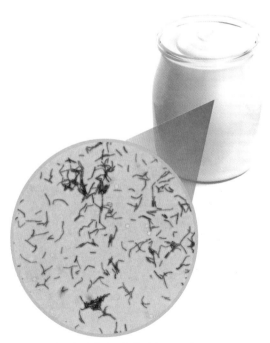

酸奶中的嗜酸乳杆菌放大3000倍

感染沙门菌的黄瓜

66

　　2015年9月3日清晨，当笼罩在美国佐治亚州亚特兰大市上空的朝雾被阳光驱尽时，美国疾病控制与预防中心（CDC）总部的公共卫生调查员正面临着令人不安的情况。自2015年7月3日起，美国全国数据库陆续收到病例报告，该机构的细菌分子分型国家电子网络系统（PulseNet）已经证实，27个州的285人感染的细菌确实是沙门菌（Salmonella）。CDC想弄清造成这些感染的原因，除此之外，他们还想知道如何防止更多人患病。

99

食源性疫情的调查流程

约翰从超市购买食物　　　　几天后约翰出现发烧、腹泻和胃绞痛　　　医生从约翰的大便样品中发现了沙门菌

寻找原因

在调查初期，美国 CDC 疫情响应小组（ORT）的疾病检测员向 PulseNet 求助，希望它能帮他们找到发病人群，并确定这些感染是否是肠道细菌（如沙门菌、大肠杆菌）引起的。

"CDC 的工作人员每天持续分析这些数据，寻找那些由具有相同 DNA 指纹的细菌感染而患病的人群。"美国疾病监测骨干团队的公共卫生通信专员劳拉·鲍姆沃斯（Laura Baumworth）说，"细菌和人一样，也有 DNA 指纹。因此，当我们看到一群人因感染同种细菌而患病时，就意味着这种细菌可能来自同一污染源，比如某种食物。"

当多个州报告有人患病时，ORT 紧急启动了调查研究，他们需要知道这些患病人群有哪些共同之处。于是，CDC 与美国食品和药品监督管理局（FDA）以及各州、各地方公共卫生官员展开合作。"各州流行病学家（研究疾病暴发及其原因的科学家）走访或电话访问患者，"鲍姆沃斯说，"询问他们去过哪些地方、吃过什么，或者参加过什么活动。"此外，ORT 还要了解每个患者的病情，比如何时开始出现不适，用以核查这些人是否有共同的经历。

"我们寻找所有能帮他们列出疑似物清单的线索。"鲍姆沃斯说，"我们寻找所有人买过东西的同一家副食店，他们可能有购物卡的记录，表明他们是否从那家商店买过同样的商品。这些线索能告诉我们究竟哪里不正常。"

数据采集是关键

CDC 进行疾病暴发原因的调查时，调查员必须收集三种不同类型的数据。

第一类是流行病学数据。这类信息包括人们患病的时间和地点，及以前因同一细菌引起的疫情暴发情况。此外，疾病监测员还在走访过程中收集流行病学数据，了解患病人群接触到的相同环境。

对沙门菌进行 DNA 指纹测序，将结果输入 PulseNet

公共卫生部门调查约翰吃了哪些食物

比对 DNA 指纹，确定污染源

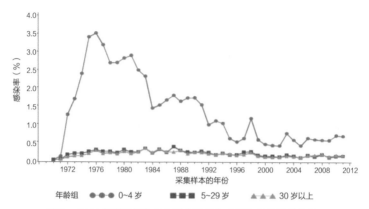

1970—2011 年不同年龄组人群中阿哥纳亚型沙门菌的感染率

第二类数据被称为"溯源数据"。调查员从患者就餐的餐厅、购物的商店采集信息，找到那些可能与食源性疫情暴发有关的食物。他们的目标是锁定从农场到餐桌的分销链中可能存在的共同污染点。

接下来，调查员不断积累从食物和环境测试中得来的数据，包括对患者家、副食店、餐厅或食品厂的剩余食物进行检查，这是他们收集的第三类数据。如果在这些样品中发现了导致人们患病的细菌，"这就更加让我们相信，我们找对了引起疾病的食物或环境。"鲍姆沃斯说。

走近真相

在这个沙门菌感染的案例中，PulseNet 最先报告了出现在 13 个州的 32 例患病事件。"我们发现致病菌与沙门菌有着相同的DNA指纹，于是我们开始进行调查。"鲍姆沃斯说，"我们联系各州卫生部门，他们开始探访患者，看患者吃过什么东西。我们进行了一个相当广泛的问卷调查，对数百种食物进行了调查，看看它们是否与这些患者有关。"

几天之后，调查人员得知，这些患者吃过多种不同的农产品，如西瓜、黄瓜、西红柿和莴苣等。"我们看到很多病人是年幼的孩子，这个信息提

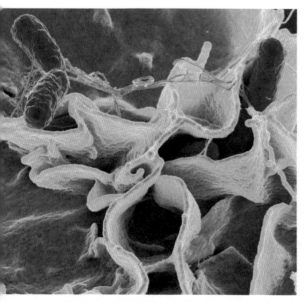

用扫描电子显微镜拍摄的彩色照片，图中红色部分为沙门菌

示我们可能是食物出了问题。"鲍姆沃斯说，"也许是孩子喜欢吃的某种东西，这就帮我们缩小了调查范围。接着，我们把怀疑对象锁定在了新鲜农产品上。"

调查团队又向各州发出另一份问卷，询问有关农产品的问题。"这时，我们开始怀疑黄瓜，"鲍姆沃斯说，"因为我们发现吃了黄瓜的患者所占比例很高，因此我们开始考虑黄瓜就是'罪魁祸首'。"

调查人员还注意到，很多不相关的患者在同一家副食店买过东西，或者在同一家餐厅用过餐。"这给了我们启发：被污染的食品可能是来自这些地方。"她说，"这对我们的溯源研究很有帮助，于是我们到这些餐厅和副食店去调查黄瓜的来源。"经调查，副食店和餐厅采购的黄瓜全部来自同一经销商——加利福尼亚的安德鲁＆威廉姆森鲜农公司，而这家经销商的黄瓜又来自位于墨西哥的一个叫作"下加利福尼亚"的地方。"这

些黄瓜的源头指向同一个地点，"鲍姆沃斯说，"这让我们十分肯定，黄瓜就是引发疾病的原因。"

从 PulseNet 向 CDC 报告出现患病人群，到调查组锁定该食源性疫情暴发的源头，共用了两周的时间。在案情渐渐明朗的同时，CDC 从这些黄瓜经销店处采集了样品进行检测。结果发现，这些黄瓜样品上有相同的致病菌——沙门菌。

召回黄瓜

找到食源性疫情暴发的原因之后，公共卫生部门仍有很多工作要做。"他们要确保这些被污染的黄瓜退出流通领域。"鲍姆沃斯说。

2015 年 9 月 4 日，加利福尼亚的经销商召回了产自墨西哥农场的全部黄瓜。一个星期之后，为安德鲁＆威廉姆森鲜农公司供应黄瓜的另一家农产品销售公司也自愿召回了他们供应的蔬菜。

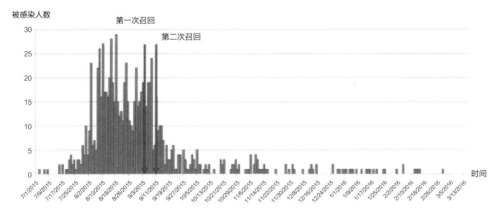

两次召回使得食源性疫情被有效控制

2. 加工厂环境差，加工生产出现卫生问题。
预防：保持加工厂环境卫生，生熟食品分开加工，确保在食品生产的每一步中减少污染物的产生。

1. 食用被污染的动物源食品（如肉、奶、蛋），或者被动物粪便污染的蔬菜（如黄瓜），接触被感染的宠物。
预防：定期检查动物身体情况和蔬菜卫生，在进入流通领域前及时对食品进行检查。

3. 运输工具不卫生；温度控制不好，导致食品变质、腐坏。
预防：运输工具要干净卫生；运输工具的储藏设备要保持低温，尤其是运输肉、蛋、奶等食品时。

4. 肉类食品没有加热充分；生熟食品没有分开处理；储存环境温度不适当，卫生不达标；餐厅或超市的食品安全管理没有严格执行。
预防：食品要充分加热；蔬菜水果要清洗干净；生熟食品分开处理；加大食品安全监管力度。

5. 保存食品不当；生熟食品处理不当。
预防：适当利用食品温度计测量；使用微波炉时，确保温度达到食品要求。

沙门菌的感染途径和预防措施

此外，为了防止食源性疫情的再次暴发，CDC 还要继续检查那些曾存放这些被污染黄瓜的仓库。除此之外，CDC 还会调查这批有问题的黄瓜被销往何处。在这个案例中，黄瓜没有运出美国边境。大部分黄瓜销往亚利桑那州、加利福尼亚州和新墨西哥州，这也是大部分病例出现的地方。因此，FDA 需要监督并确保这些州的被污染黄瓜也一并被召回。

FDA 还要对召回的结果进行评估。他们首先要确保副食店的黄瓜已经下架，并随机走访这些店面进行二次检查。更重要的是，FDA 还要提醒消费者这些食品不能吃。"黄瓜放在散装箱里出售，很难分辨哪些有问题。我们只能告诉消费者，如果怀疑自己买了被污染的黄瓜，千万不要食用。"

破案并不容易

事实上，自从 PulseNet 报告患病群体之后，公共卫生部门进行了 16 天的监测工作，以寻找祸根，解决被污染黄瓜的问题。但是，找出食源性疫情暴发的原因并不总是这么迅速。"这一次是一个完美案例，我们需要的三类数据一应俱全。这样的好事不常发生。"鲍姆沃斯继续说，"我们早就得到了黄瓜的信息，也掌握了患病群体数据。然后，我们把这些黄瓜拿下了货架，把它们从人们厨房里请了出去。"

什么时候可以正式宣布食源性疫情已经结束？这需要调查人员返回第一步，即检查 PulseNet 的报告，确保已经不再有相关病例出现。在这个沙门菌污染黄瓜案中，"连续数月，还是有一些病例零星出现，我们还没有真正弄清楚为什么会这样，我们认为这可能是各种因素综合作用的结果。"鲍姆沃斯解释说，"也许副食店的货箱和冰箱也受到了污染。我们调查了病例持续出现的多种原因。但是，我们要做的更重要的事是消灭这些由具有相同 DNA 指纹的细菌引起的疾病。"

鲍姆沃斯强调，每一次食源性疫情出现时他们都会进行同样详尽的调查。"可是还有很多食源性疫情，我们没有找到原因，这通常是因为在我们获得足够的流行病学、溯源研究和实验室研究的信息之前，食源性疫情已经结束了。"鲍姆沃斯解释说，"尽管如此，我们总是试图把事情做得更好、更快，并从多年进行的调查中学习和积累，以防止更多的食源性疫情的暴发。"

无处不在的大肠杆菌

66

大肠杆菌是一种细菌，它非常小，小到人眼根本看不到，100 个大肠杆菌连成一条直线的长度也仅有一根头发丝的直径那么长。话说回来，你的发丝上面很有可能就居住着一个小小的大肠杆菌呢！

99

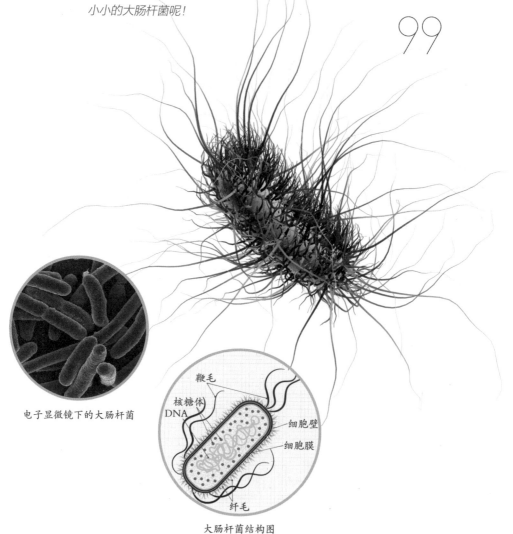

电子显微镜下的大肠杆菌

鞭毛
核糖体
DNA
细胞壁
细胞膜
纤毛

大肠杆菌结构图

一罐奶酪惹的祸

2016 年 5 月，在英国，几百个人不经意地从超市货架上取走了潜在的"杀手"，并随手把它丢进了购物车。他们并未意识到，自己买的奶酪其实相当危险。直到有一天，他们打开并享用了自己买的这罐价格不菲的苏格兰奶酪。数小时后，他们开始呕吐、腹泻、胃痉挛，情况越来越糟，每 18 个人当中就有 1 个住进了医院。究竟是哪里出了问题？是什么引起了这场突如其来的疾病？

言简意赅地说，这些顾客感染了一种被科学家称为"大肠埃希氏菌"（Escherichia coli）的微生物——也就是我们常说的大肠杆菌。

大肠杆菌喜欢生活在哺乳动物（比如人类）温暖的肠道里。它们是厌氧菌，也就意味着它们的生存不需要氧气。这种厌氧菌在你的消化道里十分常见，消化道里的厌氧菌的数量比构成整个身体的细胞还多。其中大部分是大肠杆菌。

但是，既然我们的胃里已经有了大肠杆菌，为什么奶酪上的大肠杆菌还会令顾客生病？为了弄清楚这个问题，我们需要更多地了解大肠杆菌的本质。

捣乱的大肠杆菌

你和我的身体都是由数十亿的被称为"细胞"的微小单元组成的。与人类这种"庞大"的生物相比，细菌的结构相对简单，仅由一个细胞构成。

细胞不是靠"生宝宝"的方式来繁衍后代的，而是把自己一分为二来增殖。它会四处"走动"，从周围环境中吸取营养物质——就像我们吃饭一样，再把废物排泄出来——就像我们排尿或者排便一样。

如果食物充足，它们可以迅速分裂。它们能从其他类型的细菌中获取 DNA，从而产生有着细微差别的细菌。由一个独立分离的细菌繁殖产生的后代叫作"菌株"。快速分裂会导致进化加快，产生更多类型的菌株。

现在你该知道发生了什么，对吧？我们消化道中的大肠杆菌菌株适应了这里的生活，我们也适应了它们待在那里的这种状态。大多数大肠杆菌菌株和你消化道中的没什么区别，但有时仅仅因为化学物质的细微改变，它们中的一部分就会变得对我们极其有害。奶酪中的异常菌株就是其中一种，它被称为"O157:H7"。

O157:H7 菌株含有来自另一种细菌的 DNA，这种细菌就是能引起痢疾的志贺氏杆菌。O157:H7 菌株里的志贺氏杆菌 DNA 会产生一种叫作"志贺毒素"的有毒物质，当这种毒素排到人体肠道内时，人体就会出现与感染志贺氏杆菌一样的症状。即便是普通大肠杆菌那样完全无害的细菌，一旦特定的 DNA 被改变了，就

大肠杆菌 → 被污染的食物、牛奶 → 腹痛 → 腹泻 → 便血

大肠杆菌的来源和感染后的症状

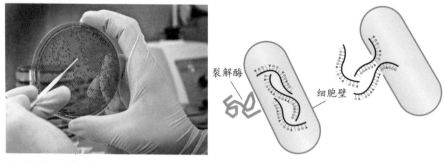

裂解酶　　细胞壁

大肠杆菌的培养、裂解，以提取 DNA 做进一步分析

会变成人类的致命敌人。

幸运的是，大部分致病菌不是致命的。以奶酪案件为例，感染引起的痛苦恼人的呕吐和腹泻仅会持续数日。不过，偶尔也会有极其棘手的菌株钻入食物链，使人们病得非常严重。这种情况曾发生于 2011 年的德国，罪魁祸首是 O104:H4 菌株。截止到污染食物被召回时，大约有 4000 人患病，其中 800 人患上了一种名为"溶血尿毒综合征"的严重肾脏疾病，有 53 人死亡。

感染是怎么发生的？

这些疾病暴发的根源到底在哪儿呢？细菌又是如何从一个地方转移到另一个地方的？答案近在眼前。当你上厕所的时候，大量的大肠杆菌就从你的肠子里转移到马桶里了。细菌还会悄悄地"跑"到你的手上，等你跟别人握手或递三明治时，细菌随之转移。现在知道便后洗手为什么这么重要了吧？这就是原因之一！

还有个更复杂的答案，它涉及食物是从哪里来，又是如何运输的。像我们一样，大多数哺乳动物，消化道里都带着大肠杆菌。你抚摸它们的时候，很可能就接触到了它们身上的大肠杆菌。

由于肉和牛奶来自动物，它们也最容易被污染。动物都在笼子、栅栏内排泄，既没有厕纸，也没有冲水马桶；即便有，它们也不会操作。虽说农民和屠夫在宰杀或是挤奶的时候已经尽力保持洁净了，可是哪怕只是瞬

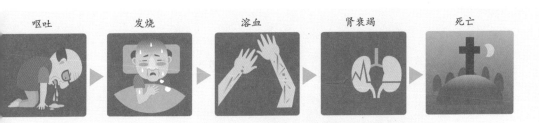

呕吐　发烧　溶血　肾衰竭　死亡

间的松懈和马虎就足以令细菌跑进食物里。而种植水果和蔬菜，一般会用动物粪便进行施肥，结果就是它们沾满了来自粪便的大肠杆菌。有时，甚至土壤本身就有大肠杆菌。

一旦进入到食物，细菌就能轻易地传播扩散。还记得大肠杆菌通过分裂来繁殖吗？也就是说，1个细菌分裂成2个，2个又分裂成4个，它们的数量增长迅速。如果环境适宜，它们每20分钟就能分裂1次，换言之，一个细菌在短短3小时内就能分裂成500多个。如果这些细菌没有死亡，那么在接下来的3小时内，它们就能分裂成20多万个。所以，只要你的奶酪沾了一丁点儿细菌，很快就会有数量庞大到足以使人感染的细菌整齐地"坐"在那儿，等着给人们"上一课"。

在德国的案例中，大肠杆菌O104:H4并非始于德国。最初，人们以为它来自西班牙的黄瓜，然后传到了德国豆芽上。最终，源头锁定在埃及的葫芦巴种子上。这些种子与豆芽、黄瓜等食物一同运输，当货车抵达商店时，所有食物都被污染了。这也就是它能广泛传播并导致那么多人染病的原因。

细菌的肠道"旅行"

让我们把目光重新投到英国顾客那里，看看大肠杆菌进入奶酪后又发生了什么。

大肠杆菌被吞入腹中后，发现自己来到了顾客的胃里。这里危机四伏，周围的胃酸能够杀死大多数的大肠杆菌。这也是少量大肠杆菌无法致病的原因之一。如果入侵势头太小，它们很有可能全军覆没。但如果入侵者的数量足够多，其中的一些就能进入宜居的肠道并且开始繁殖。这里是危险真正开始的地方。

一旦感染，这些顾客的身体会做出以下反应：

体温升高，偏离适宜细菌生长的温度——如此细菌繁殖速度会减慢；

冲刷细菌所在的肠道区域；

产生被称作"抗体"的物质来帮

蔬菜沙拉易受沙门菌污染，引起食源性疫情

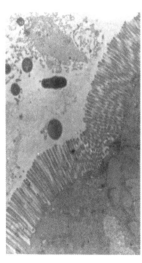
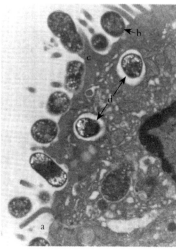

左图：表面布满绒毛的健康肠上皮细胞
右图：大肠杆菌造成的黏附脱落损伤
a：少数存活的绒毛
b：大肠杆菌紧密附着
c：附着的大肠杆菌下面产生基座
d：大肠杆菌侵入肠上皮细胞内部

助白细胞打击大肠杆菌。

第一种反应会导致发烧、发抖和流汗；第二种反应会导致呕吐和腹泻；第三种反应会让你的身体感到疼痛，因为白细胞不是总能精准地打击目标，它同样会错杀你的正常细胞。

由于菌株的不同，大肠杆菌导致的疾病也有所不同，最普遍的情况是，大肠杆菌释放名为"LT 肠毒素"和"ST 肠毒素"的有毒物质，使腹泻加重。这种大肠杆菌引起的疾病被称为"德里痢疾"（Delhi belly）。此外，英国顾客感染的大肠杆菌 O157:H7 还玩了个阴险的花招：志贺毒素。这种物质除了像肠毒素一样引发类似的症状外，还增加了一重危险——它会从胃部进入到血液里引起红细胞破裂。破裂的红细胞会引起肾脏损伤，并且常常在血管中黏在一起，形成像痂一样的血块，引起动脉或静脉阻塞。如果血管堵塞发生在大脑，就会引起中风；如果发生在心脏，就会导致心脏病发作。

感染如何应对？

当顾客出现腹泻或是更严重的症状时，他们首先要做的应该是去急诊室。一旦他们被确诊感染了大肠杆菌，医生会帮他们稳定病情。这时候最需要注意的，是确保其他人没有被感染。那么问题来了，如何才能更好地做到这一点呢？

多数政府会要求医生上报那些存在大规模感染风险的疾病。在大肠杆菌的案例中，关键问题就是寻找细菌的来源。为此，政府聘请了流行病学家，也就是一群"疾病侦探"，试图寻找疾病的起源。

流行病学家将医生对同一疾病所做的报告收集起来，追踪它们共同的起因。他们对样本进行测试，确定大肠杆菌源于哪里，以及是由哪种大肠杆菌引起的感染。这样一来，政府就能把疾病感染造成的影响降低至最小，并阻止它的传播。在英国的案例中，他们在发现奶酪被污染后，立即联系了制造商把该批次的奶酪召回。商店把尚未出售的全部奶酪退给制造商，顾客也被告知可以退货返钱。

预防比治疗更重要

由于我们的身体有对抗细菌的机制，比如胃酸，所以食物中含有少量细菌并无大碍。需要注意的是，我们得避免细菌的大量繁殖。

对抗细菌有一个非常简单的方法——冷藏。每天，我们都会把各式各样的食物放进冰箱。冷藏破坏了细菌在胃部繁殖、引发疾病的基本条件——适宜的温度，因为胃部的大部分细菌已经进化到了在37℃

（人的体温）时生长繁殖状态最佳的模式。因此，把它们放进冰箱可以延长它们的整个繁殖周期。这样一来，它们就没办法每20分钟分裂1次，它们的死亡率也变得非常接近生长率。很多食物运输中需要冷藏也是这个原因。政府为此通过了法律，严令公司按照能降低疾病传播风险的方法运输食物。

大多数情况下，保证食品安全的最好方法就是保持卫生。用水冲洗能除去水果和蔬菜表面的细菌，做饭的时候把肉完全烤熟也能杀死细菌。洗手也同样重要，尤其是当你外出或手上沾了尘土、抚摸宠物以及如厕之后。这些都是避免病从口入的好方法。

如果你不幸被食物中的细菌感染，要尽快告知医疗机构，这样可以避免食源性疫情的大范围传播。只有你传递信息及时，才能避免更多的人一同感染。

饭前便后和玩耍后要洗手

用水冲洗瓜果蔬菜表面残留的细菌

食物充分做熟，可以杀死微生物

奶制品要在保质期内食用

用过的餐具要洗干净

瓜果蔬菜要与肉分开处理

食物要冷藏保存

培养好习惯，避免病从口入

臭豆腐的"修炼手册"

66

青方，一个美丽的名字。我喜欢这个名字，它让我觉得我像从前一样洁白如玉，只是穿了件青墨的外衣而已。然而，现实却没有这么诗意——人们更喜欢叫我"臭豆腐"。

99

我是臭豆腐，虽和豆腐一样同属豆族，却属完全不同的派系，我是豆族中的"魔鬼"。根据制作工艺的不同，我们"魔鬼"一派有两个分支——以"王致和"臭豆腐为代表的发酵型腐乳和以南方臭豆腐为代表的半发酵型臭干子。

发酵型腐乳是在一定温度条件下让豆腐历经毛霉孢子的发芽、生长、成熟和繁殖而制成。豆腐中的蛋白质在毛霉菌的作用下分解得非常彻底，首先水解为多种氨基酸、醇及有机酸等化合物，特别是丙氨酸、谷氨酸、天门氨酸、乌苷酸和肌苷酸，它们赋予臭豆腐沁人的芬芳和鲜美的滋味。接着，氨基酸继续分解，产生盐基氮、硫化氢等易于挥发的刺激性气味

分子，使臭豆腐的臭实至名归。这也产生了"鼻子还没对臭产生愤怒，舌头已经在体验香的愉悦"这一神奇的感受。

臭干子则是先将豆腐切成小块，给它们穿上一件"白衣"，放在木板上，再盖上一块同样的木板压住。第二天，豆腐块儿变得结结实实，再用卤水（用浏阳黑豆豉、香菇、苋菜等长期发酵制成）泡个澡，在毛霉菌同样的洗礼下，一身青墨色"锦袍"加身，完成"魔鬼"的华丽蜕变。

"魔鬼"的外表下往往藏着一颗温暖的"赤子之心"，从人们对我的评价"其名虽俗气，外陋内秀，平中见奇，源远流长"中，即可感受到我天使般的"灵魂"。"闻着臭，吃着

发酵过程中，毛霉菌菌丝在豆腐块表面形成了一层白毛

香"也是我的真实写照。除了提供味觉盛宴，我们还有相当可观的营养价值。众所周知，豆腐一派的蛋白质含量达 15%~20%，同时含有丰富的钙质。我们臭豆腐一派由豆腐"修炼"而成，不但保持了原有的营养成分，而且发酵过程使蛋白质分解，大大提高了大豆的消化率。同时，发酵也产生了许多有益物质，比如有一定降压功效的降血压肽和具有调节肠道功能的植物性乳杆菌素等。此外，发酵还合成了大量的维生素 B_{12}，每 100 克臭豆腐含有约 10 微克维生素 B_{12}。维生素 B_{12} 可以减缓大脑衰老，所以吃臭豆腐还能预防阿尔茨海默病。

研究发现，臭豆腐中含有包括酯类、酮类和羧酸等在内的 39 种挥发性有机物。其中，含量最多的是吲哚，它让臭豆腐闻起来有一股刺鼻的粪臭味。而且，这里面也不乏对人体有害的物质，比如盐基氮和硫化氢。不过，它们在臭豆腐中的含量很少，

而且沸点都很低，在高温油炸时会很快挥发掉。但毛霉菌发酵阶段容易受到其他细菌的污染，被致病菌污染的臭豆腐对人体是有害的，因此在制作臭豆腐的过程中要特别注意发酵条件的控制，避免引入杂菌。

"气味难闻近十丈，实则堪比美佳肴"，这就是我，"魔鬼"中的"天使"——臭豆腐。

臭豆腐的由来

传说朱元璋年少当乞丐时，有一回因饥饿难耐，拾起变质的豆腐，不管三七二十一油炸后就塞入口中，竟然十分美味！后来带兵打仗获得胜利后，他请全军吃臭豆腐，使得臭豆腐广为流传！

另一个跟臭豆腐有关的人是清代的王致和。相传当年王致和进京赶考，却名落孙山。这时路费都花光了，只好留京待下次再考。他小时候曾做过豆腐，为维持生计，就在当时的安徽会馆内做豆腐卖。有一年正值盛夏，豆腐剩了好多没卖出去。他一看，发愁了，如果倒掉就太可惜了。他突然想起家乡有制酱豆腐的手艺，但怎么做呢？他就把豆腐切成小块，加盐和花椒后封在坛子里。过了很久，他才想起这一坛腌豆腐。他打开坛子，臭气扑鼻而来，豆腐都变成了绿色！他好奇地尝了尝，味道鲜美无比。从此以后，王致和臭豆腐就名扬四海了。

第 II 章
【食品污染的外来因素】

- 食物中的"毒物"
- 你喝的牛奶安全吗?
- 远离汞的威胁
- 食物链中的耐药菌

食物中的"毒物"

杀虫剂

通常残留在农作物上，人食用后可能会引起癌症等各种健康问题。

对策：尽量选择不含杀虫剂的有机食品。

丁基羟基茴香醚（BHA）和丁羟甲苯（BHT）

存在于加工食品中，具有致癌作用，并能破坏人体内激素平衡，导致男性不育。

对策：查看食品标签，尽量避免摄入此类成分。

重组牛生长激素（rBGH/rBST）

通常用于刺激奶牛泌乳。rBGH 会导致奶制品中胰岛素样生长因子-1（IGF-1）含量升高，IGF-1 可能与乳腺癌、前列腺癌和结肠癌有关。

对策：选择不含 rBGH 的奶制品。

硫酸铝钠和硫酸铝钾

用于奶酪加工食品、烘焙食品、爆米花和其他带包装的食品，这些成分会对神经、发育和生殖造成不良影响。

对策：查看食品标签，尽量避免摄入此类成分。

人工食用色素／染料

这些化学品无处不在，它们已被证明与神经障碍相关，比如注意缺陷障碍。

对策：查看食品标签，尽量避免摄入此类成分。

亚硝酸钠 / 硝酸钠

存在于熟食（主要是加工肉制品）中，这类添加剂与多种类型的癌症相关。

对策：查看食品标签，尽量避免摄入此类成分。

多环芳烃、杂环胺

当脂肪类食物被高温加热（如烧烤、油炸等）时，会产生这类致癌物质。

对策：对此类食物进行预加工，在较低的温度下完成烹饪。

丙烯酰胺

淀粉类食物（如土豆和谷物）在高温加热（如煎炸和烧烤）时会产生这类致癌物质。

对策：尽量避免食用油炸食品、薄饼干、烤谷物、曲奇和面包皮等。

溴化植物油

存在于水果味饮料和苏打水中，研究发现高剂量的溴化植物油会导致动物的行为问题和生殖问题。

对策：查看食品标签，避免摄入此类成分。

双酚 A（BPA）

存在于食品罐的内壁涂层和塑料容器里，这种成分的作用类似激素，可能引发乳腺癌和前列腺癌，也会导致肥胖、糖尿病和生殖问题等。

对策：尽量避免食用罐装食品，选择新鲜食品或冷冻食品；查看塑料容器材质标签，避免使用食品级 PP 材质以外的塑料容器盛装食物和饮用水等。

你喝的牛奶
安全吗？

在路易·巴斯德（Louis Pasteur）发明抑制微生物生长的方法之前，饮用牛奶要冒着感染伤寒、猩红热、结核或者很多其他严重疾病的风险。现在，保存不当的牛奶依然是一种相当危险的食物，饮用变质的牛奶会导致呕吐、腹泻、发热等。那么，你喝的牛奶安全吗？一杯牛奶从农场到餐桌，存在哪些安全隐患？

牛奶的隐患

牛奶，是从奶牛的乳房中挤出的乳汁，是由水、多种有机物和矿物质组成的混合物。牛奶中 90% 的成分是水，除了水以外，牛奶还含有乳清蛋白、酪蛋白、β-乳球蛋白和 α-乳白蛋白等多种蛋白质，并富含酪氨酸、赖氨酸、谷氨酸等 18 种氨基酸。此外，牛奶中的钙、钾等矿物质丰富，同时牛奶还含有 B 族维生素、维生素 C 等多种维生素。据统计，牛奶所含的营养物质达上千种，但牛奶也因此成为多种微生物的理想生长环境。

牛奶中很容易滋生一些有害微生物，比如沙门菌、大肠杆菌和金黄色葡萄球菌等。这些细菌可能来自牛奶生产中的任何一个环节。奶牛的健康状况也是引发牛奶品质问题的一个重要原因。比如，奶牛乳腺里刚刚分泌出来的牛奶是无菌的，但是牛奶在被挤出之前会先储存在奶牛的乳房里。健康奶牛的乳房基本无菌，挤出的牛奶中的细菌含量不会超过每毫升 1000 个。但是，如果奶牛生病了，尤其是患了乳腺炎，那么牛奶中的细菌数量就会猛增，最高可达每毫升 1000 万个以上。

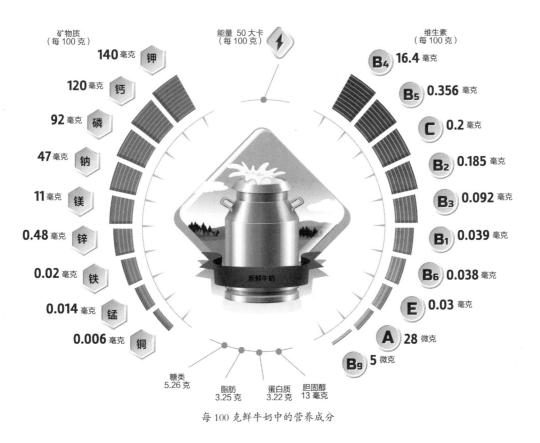

每 100 克鲜牛奶中的营养成分

作为一种成分复杂的混合物，牛奶中也很容易混入一些有害成分——不管这种事件的发生是否出于偶然。兽医产品、化学清洁剂、洗涤剂、抗寄生虫药、除草剂、杀虫剂和杀真菌剂等都会让牛奶变得不安全。19世纪50年代，由于饲料问题，美国大部分牛奶受到了污染。当时的人们就向牛奶中添加水、面粉和鸡蛋，试图掩盖污染问题，却并没有起到什么作用。据估计，当时每年因饮用问题牛奶而死亡的婴儿约8000人。这就是震惊全美的"饲料牛奶"丑闻。十多年前，亚洲也发生了数起为牟利而向牛奶中添加有害物质（比如三聚氰胺）的事件，成千上万的人受此影响，有不少婴儿住进了医院，有些甚至死亡。

由于牛奶存在这么多潜在的危险，保证这种饮品的安全就变得尤为重要。为此，我们最好首先了解一下牛奶的生产过程。

走近牛奶生产线

在发达国家，牛奶大多采用机械自动化生产。但是，世界上还有很多地方，牛奶普遍依赖小农户生产。据统计，世界范围内，约有1.5亿个家庭在从事牛奶生产，麦克家就是其中的一个。

在许多农场，奶牛被圈定在一块非常小的区域内，进食、活动和休息都在那里。可是，在麦克的农场里，他的牛群每天都在宽阔的草场上吃新鲜的草或者睡觉。尽管很多大型农场通常会向牛饲料里添加生长激素（一种刺激牛快速生长的激素）来增加牛奶产量，甚至还可能会添加一些抗生素来减少感染的发生，可是麦克不会做这些，他坚持让奶牛自然产奶，因为只有天然的牛奶才具有最好的品质。当然，品质的好坏也直接决定了牛奶的价格。

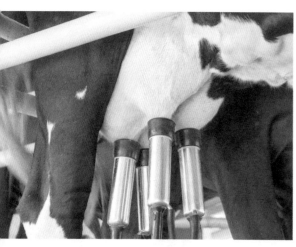

可以模仿小牛嘴部动作的现代挤奶设备

农场奶牛生活空间

一头奶牛通常一天挤奶两次。当它的乳房胀满时，挤奶工用拇指和食指轻轻地挤压它的乳头，牛奶就顺着乳头流出，流进下面的桶里。在麦克的农场里，为了节省时间，通常采用机器挤奶。这种机器会模仿小牛的嘴部动作，让母牛以为在喂养自己的孩子，刺激乳汁的分泌。挤奶的过程需要大概5分钟。

挤出的牛奶会被倒入农场的大型存储罐，罐内温度保持在4℃。在存储罐里，叶片不断搅拌牛奶，以保证罐内牛奶的温度均匀（维持在4℃），同时避免乳脂从牛奶中分离出来。牛奶被倒入存储罐后，在48小时内就会被奶罐车收走。奶罐车是一种完全隔热的不锈钢货车，它能保证牛奶在送往处理厂的过程中保持干净、低温的状态。奶罐车的司机通常都受过训练，他们能通过牛奶的状态和气味来判断牛奶是否经过妥善的存储。

实际上，在牛奶被奶罐车运走前，还要进行质量检测，确保乳脂和蛋白质含量都符合标准，并保证细菌数量也在标准范围内。未达到检测要求的牛奶无法进入下一生产环节。当存储罐被清空后，麦克要对它和所有输送管道进行彻底清洗和消毒，以保证在下次装奶时所有的设备都保持无菌状态。

在牛奶生产车间，工人将再次对从各农场收集到的生牛奶进行检测，没有问题的牛奶将直接进入牛奶生产线。牛奶生产包括灭菌、均质化、

中国大型牛奶加工厂

脂质分离以及灌装、包装等步骤。根据生产产品类型的不同，选择不同的工艺。比如，生产鲜牛奶选择巴氏灭菌，而生产酸奶需要选择超高温瞬时灭菌（UHT）；全脂奶只需经过灭菌步骤，而低脂奶还需要经过脂质分离步骤。

加工后的牛奶会直接通过管道进入自动灌装机，最终得到经过密封的盒装奶、瓶装奶或袋装奶。牛奶的包装盒上标有生产日期、保存方法和保质期。灌装后的牛奶一般仍需冷藏，并由冷藏车运往各零售店。在被消费者带回家之前，它们一直安静地"躺"在零售店的冷藏柜里。

如何防止污染？

在牛奶的生产过程中，有很多因素可能使牛奶受到污染。

在农场，奶牛的乳房和乳头很容易沾上脏东西，比如奶牛的粪便。同样，如果未能保证挤奶设备或手部的清洁，也会造成牛奶被细菌污染。奶牛身上寄生的大量微生物，也很有可能偶然混入牛奶桶内。因此，一定要保证奶牛生长环境的清洁，在挤奶前给乳头和挤奶设备、手部进行消毒，并注意遮盖奶桶，防止病原微生物掉入。

当牛奶被挤出后，一定要第一

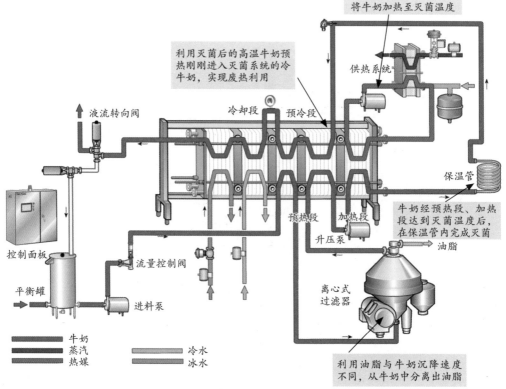

牛奶的巴氏灭菌工艺流程图

时间倒入无菌的存储罐内保存，并严格控制存储罐的内部温度，防止牛奶内细菌滋生。在牛奶的存储和运输过程中，也要保证设备和存储容器的无菌，且存储温度必须足够低——通常是 4℃。

在牛奶生产车间，由于工艺复杂、工序繁多，牛奶更易受到污染。加工设备、存储罐、管道都是容易滋生细菌的地方。另外，如果设备存在缺陷，比如出现裂痕，牛奶流经这些地方时，也会受到污染。这就要求工人严格按照无菌生产规范进行操作。

巴氏灭菌与 UHT

生产过程中的防范只能避免引入外源的杂菌，这对一杯合格的牛奶来说是远远不够的。因为，从奶牛乳房中挤出的牛奶本身就含有一定量的细菌，比如对人体有益的乳杆菌、使牛奶腐败的产碱杆菌，还有引起牛乳腺炎的无乳链球菌以及引起人畜共患疾病的布氏杆菌、炭疽杆菌等。因此，喝生牛奶是非常危险的，不但不能喝未经灭菌的生牛奶，甚至用生牛奶制成的各种奶制品，如奶酪、酸奶、冰激凌等，也都不能吃。

牛奶灭菌的方法主要有巴氏灭菌法和 UHT 法。巴氏灭菌法是法国人路易·巴斯德于 1865 年发明的。在巴氏灭菌法发明前，欧洲因喝生牛奶

巴斯德正在进行灭菌法的研究

或吃由生牛奶做的乳制品而患结核病的人不计其数，也有许多人因此死亡。但自从巴氏灭菌法广泛应用以后，因喝牛奶而患结核病的人已很少见。

巴氏灭菌法是一种兼顾灭菌和保持牛奶风味的折中方法，一般包括两种，一种是将牛奶加热到 62~65℃，保持 30 分钟，可以杀死牛奶中的各种致病菌，灭菌率可达 97.3%~99.9%，灭菌后仅有部分嗜热菌、耐热菌和芽孢残留；另一种是将牛奶加热到 75~90℃，保持 15~16 秒，杀菌时间更短，杀菌效率更高。由于未煮沸，牛奶的风味可以较好地保留，但是不能消除牛奶里的全部微生物。巴氏灭菌奶仍然含有少量的能引起食物腐败的非致病菌，因此把巴氏灭菌奶放进冰箱是非常重

要的。巴氏灭菌奶即使未开封，在室温下放置一两天后也会变质；在 4℃ 冷藏时，其保质期一般为 6~7 天。这是因为低温条件下，细菌并没有死亡，只是活动减慢或停止。研究人员指出，巴氏灭菌奶和非巴氏灭菌奶并没有营养价值上的差异。巴氏灭菌的低温加工不会使优质钙变性，反而使钙更易被人体吸收。而且，维生素 A、维生素 B_6 损失不明显，乳清蛋白可保留 80%~90%，钙、磷等矿物质几乎可以保留 100%。

UHT 是一种比较彻底的灭菌方法，它的灭菌温度较高，通常在 135~150℃，灭菌时间较短，仅4~15 秒，因此被称为"超高温瞬时灭菌"。UHT 可以瞬间杀死牛奶中所有的微生物和芽孢。但是，高温处理也会破坏牛奶中的一些营养成分，比如引起维生素损失、蛋白质变性以及乳糖褐变，同时改变牛奶的颜色和风味。经 UHT 处理的牛奶通常用利乐砖、利乐枕（常用的纸包装）等包装，常温下可以保存 30 天以上。

你更喜欢喝哪一种牛奶？巴氏灭菌奶，还是 UHT 奶？下一次喝牛奶的时候，好好研究一下包装盒上的信息，再比较一下不同牛奶的口感和味道，你会更清楚为什么你更偏爱那种牛奶。

均质化与脱脂牛奶

牛奶中含有一定量的脂肪，一般称为"乳脂"。如果你把一杯刚刚从奶牛乳房中挤出的牛奶放进冰箱，一段时间后，乳脂就会分离出来。你会得到脱脂牛奶和漂在上面的一层奶皮。均质化就是把牛奶中的脂肪（通常粒径在几微米）分散成非常细小的脂肪微粒，它们的粒径会减小到原来的十分之一，可以均匀地悬浮在牛奶中。均质化可以大大延长牛奶的保存时间。

根据牛奶中脂肪的含量，牛奶可以分为多种不同的类型。天然全脂牛奶指的是没有添加或去除任何成分的牛奶，一般每 100 克牛奶中含 3.25 克脂肪；减脂牛奶指的是去掉牛奶中的部分脂肪的牛奶，减脂牛奶的脂肪含量约为 2%；低脂牛奶是去除了大部分脂肪的牛奶，其脂肪含量只有约 1%；脱脂牛奶的脂肪含量更低，不到 0.5%。不过，随着牛奶中脂肪的脱除，牛奶原本"香""浓"的口感也消失了，因为牛奶的芳香成分都存在于这些脂肪中。而且，牛奶中的一些脂溶性营养素，比如维生素 A、维生素 D，也会在脱脂过程中流失。

远离汞的威胁

66

1998 年，35 名科学家和行业专家就环境问题达成了共
同的预防原则：当人类的某种行为可能危害到环境和人们的
身体健康时，即使其中的某些因果关系未获得充分的科学论
证，也应当采取防范措施。人类历史上的教训已经足以证明
这一点，尤其是当人类行为已经威胁到食品安全的时候。

99

重金属出现在人体中

在日本西南沿海区域，有一个叫"水俣"的港湾，盛产各种鱼类。1956 年，一种奇怪的疾病打破了水俣人宁静的生活，也让水俣这个无名小港走进了公众的视野，一下子成了家喻户晓的谈资。

一天，一个小女孩因说话、走路甚至进食出现障碍而被送进了医院。紧接着，她的妹妹和许多邻居也出现了类似的症状。没过多久，这种奇怪的疾病迅速在八代海沿岸蔓延开来，夺去了 1500 人的生命。

然而，尽管死亡事件陆续发生，人们却一直没有弄清楚这种疾病的起因，只得根据它的发生地把它叫作"水俣病"。直到 12 年后，科学家才真正弄清楚究竟是什么引发了这一惨剧。原来，工厂排放到附近海水中的汞就是导致这种病的元凶，它会严重破坏人体的中枢神经系统！

可是，海水中的汞又是如何进入人体的呢？答案是食物。由于富含 ω-3 脂肪酸，饱和脂肪酸含量少，鱼类一向被人们认为是一种脂肪含量低的健康食品，不仅可以提高人体的新陈代谢，还可以降低中风概率。水俣人靠海吃海，鱼类自然而然成了他们的主要食物。但由于海水污染，汞进入了鱼体内，这种理想食物成了汞的"携带者"。

电池里含有的重金属和酸会对环境造成污染

化工厂排放的污水严重污染了水源

燃煤的火力发电厂是汞污染的重要源头

节能灯的灯管里充有汞蒸气，随便丢弃会造成污染

汞从哪儿来？

水俣病让我们发现了汞对人类健康的威胁。时至今日，汞污染的问题依然存在。美国毒物和疾病登记署（ATSDR）的列表显示：对美国人来说，汞污染的危险性位居第三。那么，汞到底是从哪儿来的呢？

火山活动和森林大火等会释放汞，但是排放到环境中的汞，有2/3来源于人类活动。联合国环境规划署（UNEP）称："在过去的100年中，人类的各种排放物已使海平面下100米以内的海水的汞含量翻番。"

人类排放的汞主要来自化石燃料，这些燃料在燃烧时会把一些重金属释放到空气中。另一个不易察觉但也很重要的汞污染源头是小金矿。金矿工人用汞把矿石中的金提炼出来，然后加热让汞挥发掉。在秘鲁，这些小金矿不仅毁掉了至少260平方千米的雨林，还严重威胁到周围人们的身体健康。

工业生产排放的废物、随意丢弃的消费品、矿井中逸出的汞蒸气和化学药品都是造成汞污染的原因。

汞的"旅行"

一旦被释放到大气中，汞就开始了它们在环境中的"旅行"——一个被称为"汞循环"的过程。大部分汞以气体或颗粒的形式沉积在云层中，其中绝大多数以降雨或降雪的形式落在海洋表面；余下的则集中在高地的分水岭处，经溪流和江河最终进入大海。海水的流动没有国界，汞也因此在世界范围内留下了它们的"足迹"，汞污染成了全球关注的棘手问题。

联合国环境规划署 2013 年的数据显示：全球的汞排放量约有一半来自亚洲；撒哈拉沙漠以南的非洲地区和南美洲紧随其后，分别排放了世界总量的 16.1% 和 12.5%；其他主要汞排放地区还有欧洲和北美洲。

当汞进入大海后，其中的一部分会被海流冲到近海区域，还有一部分会以蒸发和降水的方式在海陆空之间往复循环。这部分汞最终有可能会被固定在沉

积物中，也有可能和稳定的无机物结合，从而脱离这个循环系统。然而，占比最高的那部分汞，会进入海洋的食物链。

在海水中，一些汞会被细菌转化为甲基汞——汞毒性最强的一种形态。甲基汞首先会被海里的藻类吸收；藻类又会被浮游动物吃掉；浮游动物又会被小鱼吞食；小鱼又会成为大鱼的腹中美味。在食物链中的等级越高，生物体内的甲基汞浓度越高。这个过程被称为"生物放大"。

食物链顶端的鱼类最终含有最高浓度的甲基汞。美国达特茅斯学院的研究人员报告："那些寿命长的食肉

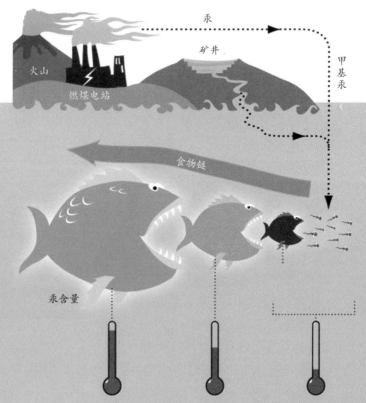

河流、水库、海洋等不同水体中的鱼体内汞含量不同，通常的浓度顺序为：海鱼＞湖鱼＞河鱼。有数据显示，海洋中鲨鱼、剑鱼、金枪鱼的汞含量（0.93~2.7毫克/千克）高于陆地水生生态系统中的肉食性鱼类（0.006~0.062毫克/千克）。鱼在生态系统中的营养级也会影响其体内的汞浓度，海洋中营养级较高的鲨鱼是公认的汞含量较高的鱼类

金枪鱼是许多人钟爱的美味，但从健康角度考虑，最好是一个月顶多吃一次

位于食物链顶端的鲨鱼和剑鱼体内的甲基汞含量非常高

鱼类，如剑鱼和金枪鱼，体内的甲基汞浓度要比周围的海水高千万倍甚至上亿倍。"

从人类来，到人类去

遗憾的是，这些大型鱼类正是我们人类最偏爱的美味。联合国粮食及农业组织（FAO）的数据显示：2010 年，包括金枪鱼、鲭鱼和鳕鱼在内的远洋鱼类的捕捞量占到了整个鱼类产量的最大比例。而这些远洋鱼类是体内甲基汞含量最高的鱼类。具有讽刺意味的是，通过水循环和食物链"旅行"一圈后，这种人类活动产生和排放的有毒物质，又通过餐桌上的食物回到了人类体内。

除了这些鱼类，人类还有可能通过海洋甲壳动物、哺乳动物和其他海产品摄入汞。甲基汞被我们的消化道吸收，进入人体。它会随着血液在身体内循环流动，不超过 30 个小时，就能到达我们身体的各个组织。接着，

甲基汞又会形成一种类似人体内常见的酸的化合物，获得进入细胞的权限。而要代谢掉这些甲基汞，我们的身体恐怕至少得花一年的时间。

研究显示甲基汞的毒性主要作用于正在发育的神经系统。患者可能出现癫痫，听觉、视觉会突然出现障碍。甲基汞的毒性还会使大脑脑容量减小、脑细胞坏死和功能紊乱。最坏的情况下，甲基汞会导致死亡。当汞在人体内越积越多时，除了神经系统，人体的其他器官，如肾脏、肝脏和心脏，也会出现问题。

远离汞的威胁

美国达特茅斯学院的研究人员称："育龄妇女、孕期和哺乳期妇女、发育中的胎儿和 12 岁以下的儿童尤

其容易受到汞的毒害。"FDA 已经发布了针对这些易感人群的鱼类摄入指导方针，建议他们食用含汞量低的鱼类，且每周不要超过 340 克（分两餐吃），并尽量避免食用那些含汞量高的鱼，如鲨鱼、剑鱼、大耳马鲛鱼和马头鱼等。一般情况下，虾类、鲑鱼、黄线狭鳕、鲶鱼和贝类相对安全一些。

为了远离汞的威胁，对大多数成年人来说，最简单易行的方法就是减少含汞量高的鱼类的摄入。美国环境保护署建议，体重 60 千克的成年女性的每日鱼肉摄入量应不超过 170 克，以避免对健康的不良影响。根据环境保护署的指导意见，人们常吃的海鲜，比如虾类、蟹类、鲑鱼、贝类、龙虾、鳟鱼和无须鳕等，每周最好控制在两餐以内。美国生物多样性研究所也建议：鲤鱼、海鲈鱼和鲈鱼最好一周一餐；金枪鱼最好一月一餐。

2016 年 9 月，美国加利福尼亚州卫生部在旧金山海湾张贴了鱼类的食用安全指南

然而，很多问题不是仅靠回避就可以解决的。要根治汞污染问题，政策制定者需要控制汞排放量和测评环境中的汞含量。从全局角度来说，世界各国应当协同合作，一起管制汞制品的销售和流通。2013 年初，为在全球范围内限制汞排放量，联合国环境规划署推出了《关于汞的水俣公约》，公约要求缔约国自 2020 年起禁止生产及进出口含汞产品，这意味着离全球合作治理汞污染的目标又迈进了一大步。

汞含量最多的鱼类

当你在品尝美味的鱼时，危险正悄悄临近。美国科学家检测了全美国 291 条溪流的汞污染情况。他们在每条被测的鱼中都发现了汞，他们甚至发现在农村那些分隔的水塘中，鱼的体内也有汞。一项在美国新泽西州沿岸进行的研究显示，采样的鱼中有 1/3 汞浓度超过了安全水平（0.5 ppm），这意味着经常食用这些鱼会给人带来健康隐患。另外一项对意大利南部附近水域的鱼类所做的研究表明，鱼的体积越大、体重越重，组织中所含的汞越多。比如鲨鱼，它的汞浓度就非常高，达 0.975 ppm，在所有的鱼类中排名第三。排名前两位的分别是墨西哥湾的方头鱼和生活在热带、温带的剑鱼。

除了体积以外，饮食组成也会影响鱼类的汞浓度。一些以小鱼、小虾为食的鱼，它们的汞浓度可能更高。中国沿海的鳙鱼的汞浓度远远高于草鱼，这是因为鳙鱼是滤食性动物（以鳃和口中齿作为滤网，通过水的吸入与吐出滤取小型浮游动物为食），而草鱼是草食性动物，鳙鱼在吞入大量浮游动物的过程中积累了更多的汞。

食物链中的耐药菌

66

　　2016年8月，美国有35万人联名签署了一封给肯德基的信，要求该公司停止从给鸡投喂人用药的农民那里进货。这件事有些匪夷所思。农民为什么要给健康的鸡投喂人用药？即便农民真这么做了，又怎么会令35万人联名要求他们停止这种行为呢？

　　这两个问题的答案其实很简单——这些存在争议的药物就是抗生素，人们其实是对肯德基任由抗生素"潜"入食物提出了抗议！

99

为何给动物吃抗生素？

在畜牧业中，人们常常会给动物投喂抗生素。据 FDA 统计，世界上近50%的抗生素被用在了动物身上，在美国，这个数字甚至高达70%。然而，这些用在动物身上的抗生素只有10%用于治疗。大部分情况下，抗生素的喂食剂量很低，远远达不到治疗某种细菌性疾病的剂量。那么，投喂这些抗生素究竟是为什么？

在动物身上使用抗生素，一般有两个目的。

第一个目的是避免动物生病。由于人类对肉类食品的需求量越来越大，现在的农场一般都采用高密度养殖的方式，致使疾病非常容易传播。于是人们常常在动物饲料中添加较少剂量的抗生素，来预防动物生病。这样不但用药量少、成本低，也避免了动物疾病大范围暴发带来的麻烦。比如，美国麦当劳供应商使用一种叫作"聚醚类离子载体"（ionophores）的抗生素就是出于这个目的。

另一个目的是促进动物生长。人们很早就发现，在饲料中添加少量抗生素可以让动物更好地将饲料里的营养成分转化成身上的肉。这可能是因为抗生素改变了肠道菌群，也可能是因为动物生病较少。在上述肯德基事件中，农民给鸡吃抗生素就是为了刺激鸡生长，这样他们就能在更短的时

第一支抗生素

1928 年，亚历山大·弗莱明（Alexander Fleming）在一次实验中发现，几个青霉菌偶然掉落到一个打开的培养皿中，并在其他菌落旁边长出了一丛青霉。弗莱明凑近仔细一看，发现那丛青霉菌的周围带有一圈"光晕"，这个"光晕"变成了一个死亡区，其他细菌无法在这个"光晕"里面生长。这个"光晕"里似乎有某种物质使其他细菌的生长受到抑制，而这种物质很可能来源于这丛青霉菌。1939 年，霍华德·弗洛里（Howard Florey）从青霉菌中提取出了青霉素，这就是青霉菌产生的能抑制细菌生长的物质。20 世纪 40 年代，青霉素开始大量生产，成为人工生产的第一种抗生素。

青霉素如何抑制其他细菌生长？由于细菌内液体浓度高，细菌会自发地从浓度较低的外界吸水。细菌的细胞壁里有一种叫作"肽聚糖"的物质，可以抵抗细菌吸水膨胀，维持细胞壁的结构。青霉素是一种 β - 内酰胺类抗生素，它会抑制细菌细胞壁中肽聚糖的合成。于是，当青霉素存在时，细菌的细胞壁结构塌缩，细菌吸水胀破。

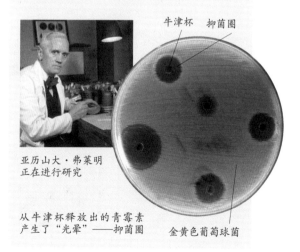

亚历山大·弗莱明正在进行研究

牛津杯　抑菌圈

从牛津杯释放出的青霉素产生了"光晕"——抑菌圈

金黄色葡萄球菌

肉类生产者给动物注射抗生素使其生长更快，长期使用将加速耐药菌的出现

种名为"脱氧核糖核酸"（也就是DNA）的化学物质将自己的特性遗传给后代。细菌的遗传方式简单而直接，它们先复制，再分裂产生下一代，每个新生细菌所含的DNA都与它"母亲"（发生分裂并产生它的那个细菌）的DNA一模一样。只有一种情况可以使细菌在代与代之间出现差异，那就是DNA突变，它发生于DNA复制出现错误的时候。大部分错误几乎不会产生突变，但是，有时候引起的变化却是巨大的，比如细菌变得对抗生素产生耐药性。

间内获得更大的鸡腿。

在人们因抗生素获益的同时，这些作为添加剂使用的低剂量抗生素也渐渐"磨炼"出了细菌的耐药性，一大批耐药菌已经"炼"成。

突变是随机产生的，在众多的细菌菌群中，只有非常少的细菌可以偶然获得耐药性。一般情况下，耐药性的出现并不会对它们的生存产生很大的影响，除非情况有变，导致环境发生了变化。比如，当环境中出现抗生素的时候，耐药性的出现就让细菌有了一定的生存优势。对抗生素耐受的细菌更容易活下来，而大部分不具备

耐药菌如何"炼"成？

世界上绝大部分生物都利用一

 对抗生素的耐药性是怎样产生的

1.	2.	3.	4.
细菌中有少数对药物有一定的抵抗力	药物杀死了大部分细菌，那些有耐药性的细菌幸存了下来	幸存下来的细菌大量繁殖，整个细菌群体都有了耐药性	有些细菌还会将耐药性传递给其他细菌，这会带来更多问题

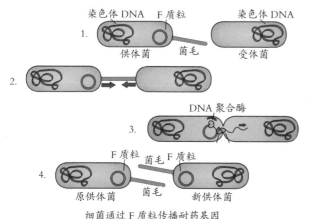

细菌通过 F 质粒传播耐药基因

耐药性的细菌会被杀死。低剂量的抗生素给了细菌选择压力，细菌会不断向耐药菌的方向进化。如果长期给予细菌这种选择压力，细菌中耐药菌的比例就会不断增加。

细菌还会玩另一套把戏。细菌的一些 DNA 会连接成小环，从主要的链状 DNA——染色体上脱离出来。这些小环被称为"质粒"，它们有着非常奇怪的特性：可以从一个细菌传递到另一个细菌。这意味着，即使一个细菌不具备耐药性，它也可以通过质粒获得耐药基因。随着菌群中耐药菌比例的上升，质粒被传递的概率也会相应升高。

潜入人体之后

可是，这些耐药菌又是怎么潜入人体的？主要途径就是食物。耐药菌主要存在于动物的粪便里，它们通过很多途径进入我们吃的食物。比如，鸡蛋的蛋壳上有时会粘着鸡粪，一不小心就会接触到蛋液或其他食物；用于施肥的动物粪便，也有很多机会沾在蔬菜和水果上。此外，蔬菜和水果也可能在运输的过程中被污染，比如接触其他被污染的农作物。有时，耐药菌还有可能随着动物粪便进入水循环，比如可以经雨水冲刷、随地表径流向其他地区扩散。一旦耐药菌进入了周围环境，它们就有了更多的可乘之机，潜入人体变得轻而易举。

有些细菌寄生在动物体内时，并不会引起动物的任何症状。但是，这些细菌一旦进入人体就会引发疾病。比如，大多数鸡体内有沙门菌，这对鸡没有影响，但是人体感染沙门菌后就会出现呕吐、腹泻、发烧等食物中毒的症状。值得一提的是，一旦这些动物体内的细菌被抗生素添加剂"磨炼"出耐药性，它们会变得更加危险！

当你感染了沙门菌并表现出症状时，一般情况下，为了迅速消灭沙门菌，医生会给你开一些抗生素——当然是治疗剂量。这个剂量的抗生素会把沙门菌一举歼灭，你的症状也会迅速缓解。可是，如果这些沙门菌已经产生了耐药性怎么办？一旦你感染的是具有耐药性的沙门菌，那么，那些原本可以杀死它们的抗生素，这时候对抗沙门菌的威力就会大大削弱。你可能需要服用更大

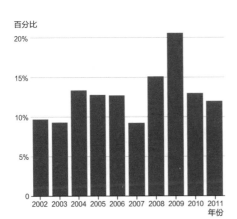

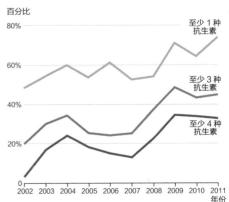

农场中抗生素的大量使用使沙门菌超级细菌数量增加
左图：零售店携带沙门菌的鸡所占比例
右图：对抗生素具有耐药性的沙门菌所占比例

的剂量，甚至，这些抗生素已经对沙门菌束手无策。

我们只有几百种抗生素，而且这些抗生素并不适用于所有的细菌感染，我们很快就会用光手头上的抗生素。比如，我们只有 4 种对抗耐万古霉素肠球菌的药物。一旦这种肠球菌变得对其中一种药物耐药，我们就少了一个对付它们的武器。如果它们变得对这 4 种药物都有耐药性，甚至进化为一种超级细菌（因抗生素滥用而获得超强耐药性的细菌）时，假如你不幸感染了这种肠球菌，就会面临无药可用的风险。

打响与耐药菌之战

其实，从青霉素被发现那一刻开始，人类与细菌的战役就已经打响。近一个世纪以来，"战争"从未平息。人类对付细菌的武器越来越强，抗生素种类越来越多，细菌也随之进化，耐药菌就此诞生。

如何对抗耐药菌呢？最直接的方法就是研制新型抗生素。但是，研发药物的周期太长，根本无法跟上耐药菌进化的速度。那么，面对耐药菌愈演愈烈的状况，我们只能想办法放慢细菌耐药性产生的速度。其中最有效的方法就是减少在非治疗用途方面使用抗生素，这也是为什么那么多人签署请愿书，要求肯德基停止使用吃了抗生素的鸡。为此，一些国家和地区已经制定了相关法律。比如，中国农业农村部发布的第 194 号公告明文规定，停止生产含有促生长类药物添加剂的商品饲料。欧盟已经禁止将抗生素作为生长促进剂使用。澳大利亚禁止包括氟喹诺酮在内的几种抗生素作为饲料添加剂使用。许多国家已经将生产过程中是否使用抗生素作为食品标签的必需信息。通过法律禁止抗生素作为生长促进剂使用起到了立竿见影的效果，这些国家和地区的动物体内抗生素含量明显降低，因而随食物进入人体的抗生素含量也相应降低。

我们也可以在传播途径上做一些努力。耐药菌主要通过食物链进入人体，比如当你吃了一块被耐药沙门菌污染的鸡肉时，耐药沙门菌就进入了你的胃。因此，把食物做熟非常重要，加热可以杀死大部分细菌。耐药菌也很可能通过你的手送入口中，因此做饭或吃东西前一定要把双手洗干净。

为了防止耐药菌的产生，我们还可以在其他方面想想办法。比如，到医院看病时，如果不是必须服用抗生素时，不要让医生给你开抗生素。很多人感冒时会吃抗生素，可是感冒多数是病毒引起的，抗生素根本不起作用，只会徒增细菌耐药风险。

人类与耐药菌的战斗仍在继续。未来，或许会有激动人心的事件出现，比如人们可能会发现新型抗生素。不过，挽救生命最好的方式，是限制抗生素在非治疗用途方面的使用，以防止超级细菌的产生，减少耐药菌给人类带来的危害。

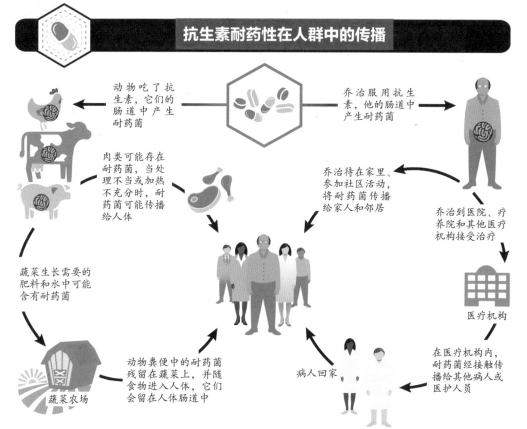

抗生素耐药性在人群中的传播

动物吃了抗生素，它们的肠道中产生耐药菌

乔治服用抗生素，他的肠道中产生耐药菌

肉类可能存在耐药菌，当处理不当或加热不充分时，耐药菌可能传播给人体

乔治待在家里、参加社区活动，将耐药菌传播给家人和邻居

乔治到医院、疗养院和其他医疗机构接受治疗

蔬菜生长需要的肥料和水中可能含有耐药菌

医疗机构

蔬菜农场

动物粪便中的耐药菌残留在蔬菜上，并随食物进入人体，它们会留在人体肠道中

病人回家

在医疗机构内，耐药菌经接触传播给其他病人或医护人员

第 III 章

[食物的安全选择]

- 五花八门的食品标签
- 有机食品运动
- 你该喝什么水？
- 食用油背后的大学问
- 如何健康减肥？
- 食物也过敏？

五花八门的食品标签

66

在超市买东西时，你拿起一个食品罐，一定会看食品的生产日期和保质期。那么，你有没有注意包装上的其他信息呢？比如配料、营养成分表等。虽然这些内容的字不多，但含有丰富的信息，对我们的健康大有帮助。

99

配料靠前才是重点

观察食品包装袋，我们会看到一些字和表，这里记录了食品的成分。

首先看看配料。配料的前面部分是我们熟悉的马铃薯、牛奶等，之后则是盐和糖，最后就是一大串陌生的名词了。根据中国《食品安全国家标准 预包装食品营养标签通则》，配料表中食品原料及配料名称按加入比例从多到少排列，也就是说，前几种配料就是这个食品的主要成分。比如，你买到一瓶酸奶，它的配料表依次写着生牛乳、白砂糖等，说明它含量最多的原料是牛乳，其次是糖。

排名靠后的那些陌生名词是食品添加剂。有的食品添加剂能提供特殊风味，例如让薯片有番茄味道的香精，让蛋糕呈现出漂亮颜色的焦糖，或是改善果冻口感的卡拉胶，还有让酸奶更稠的果胶。如果去掉这些添加剂，你恐怕会对很多食物失去胃口。

尽管大部分食品添加剂是安全的，可是也有一部分对人体有害。FDA公布了对人体危害最大的几种添加剂。比如，亚硝酸盐是一种能保持食物光鲜如初的防腐剂，多用于肉制品中，食用过量会引起血液中氧气的减少，引发"蓝色病"。糖精是广泛用于饮料、果冻的人工甜味剂，研究发现，糖精能让老鼠患膀胱癌，也容易导致人体肥胖。硫酸铵是一种普遍加入到面团里的添加剂，它能增加面团的韧性和弹性，但是有研究发现它会刺激人的眼睛和皮肤。

因此，各国的食品监管部门通常对食品添加剂的使用有着严格的规定，哪些可以当作添加剂使用，用量要限制在多少，都是经过研究决定的。以美国为例，任何食品添加剂——除了那些早已被公认无害的（例如盐）外，都要获得 FDA 的批准后才能加入食品中。此外，欧盟规定，包括食用色素在内的某些添加剂，要在标签下方标上附加信息，如"色素：可能会对儿童的活动和注意力造成负面影响；多元醇：过度使用可能引起腹泻"。

营养成分表告诉你

食品标签的另一个重要内容就是食物的营养成分表，许多国家要求在标签上列出营养成分表。比如，中国要求必须注明 5 个基本营养参数，包括食品所含的能量（热量）、蛋白质含量、脂肪含量、碳水化合物含量以及钠的含量。除此之外，生产者还可以自愿标注一些其他项目，比如钙、不饱和脂肪酸、维生素与矿物质含量等。

在单位质量（如 100 克，饮料的话则是单位体积）的后面，你还会看到一栏叫作"NRV%"的数值。

NRV 指的是营养成分与营养素参考值（Nutrient reference values），NRV% 表示 100 克该食品所含的某种营养占一个人全天所需这种营养的比例。以一袋牛奶为例，其钙的 NRV% 是 12%，那么，它的意思是 100 克这种牛奶可以为你提供每天所需钙量的 12%。一个人全天所需某种营养的量是通过广泛抽样调查计算出来的。

而在食品标签标准较为健全的美国，1990 年美国国会便通过了《营养标签与教育法案》（NLEA），要

营养成分

每个容器 8 份
每份食用量　　　　　　2/3 杯（55 克）

每份能量
230　　　千卡

	每日推荐摄入量百分比 *
总脂肪 8 克	10%
饱和脂肪 1 克	5%
反式脂肪 0 克	
胆固醇 0 毫克	0%
钠 160 毫克	7%
总碳水化合物 37 克	13%
膳食纤维 4 克	14%
总糖分 12 克	
包括 10 克添加糖	20%
蛋白质 3 克	
维生素 D 2 微克	10%
钙 260 毫克	20%
铁 8 毫克	45%
钾 235 毫克	6%

* "每日推荐摄入量百分比"（% Daily Value）告诉您一份食物中的营养素对日常饮食有多大贡献。每日 2000 千卡能量用于一般营养建议。

FDA 给出的食品标签最新标准示例

从营养表来看，薯片是一种高热量、高脂肪的食品

美国经典原味

营养成分表 Nutrition Information

每份食用量/Serving Size:30克(g) 每缘含/Servings Per Pack:2.5份

项目/Items	每份/Per Serving	营养素参考值%/NRV%
能量/Energy	666千焦(KJ)	8%
蛋白质/Protein	1.7克(g)	3%
脂肪/Fat	9.6克(g)	16%
碳水化合物/Carbohydrate	15.9(g)	5%
钠/Sodium	154毫克(mg)	8%

营养素参考值%是指每份产品提供的营养素占每日所需推营养素的参考值的百分比。

薯片为什么不健康？

以某种薯片为例，标签上标注每 30 克有 666 千焦的能量，是参考值的 8%；脂肪9.6 克，是参考值的 16%；钠是 154 毫克，是参考值的 8%。这样的薯片，吃下 80 克时，脂肪就已经超过了每人每天理想摄入量的40%，能量和钠也都超过了 20%。如果当作零食来吃，加上一日三餐，非常容易让脂肪和钠超标。那么只吃薯片，省去一顿饭怎么样呢？30 克薯片中只有 1.7 克蛋白质，仅是参考值的 3%，一包 80 克的薯片也只有 8%，实在是少了点，远远无法满足人体对蛋白质的需求量。可见，薯片是一种不健康的食品。

求强制标注 15 项核心营养成分含量，包括总热量、来自脂肪的热量、脂肪、饱和脂肪酸、反式脂肪酸、胆固醇、钠、碳水化合物、膳食纤维、糖、蛋白质、维生素 A、维生素 C、钙和铁。其他营养成分由生产者自愿标注。

以 2000 千卡（1 千卡 =1000 卡路里，1 卡路里 ≈ 4.12 焦耳）为基准，计算营养成分的推荐量和上限。NLEA 还要求标签后备注一个营养图谱，以 2000 千卡和 2500 千卡为基准，分别列出脂肪、盐、胆固醇等营养素推荐摄取量。FDA 食品安全与应用营养主任苏珊·梅恩（Susan Mayne）说："我们的目的不是要告诉消费者吃什么，而是要保证他们可以有一个工具来选择适合自己和家人的食物。"

2016 年 5 月，NLEA 对食品标签的标准进行了更新。新标签中还添加了糖含量，并区分了人工合成糖类和天然糖类。对于食品标签的修改，美国的米歇尔·奥巴马（Michelle Obama）开玩笑地说："很快你就不再需要显微镜、计算器或者营养学家来帮你搞清楚，你买的食物是否对孩子有帮助。"

练就"火眼金睛"

挑选食品的时候，除了搞清楚食品中的营养成分以及含量，你还得对其他信息练就"火眼金睛"，比如生

食品包装袋上的保质期、保存条件及食品所含成分

产日期、保质期或保存期、保存条件以及过敏原，只有这样，你才会更了解这些进入口中的食物。

生产日期是个比较"淘气"的家伙，它可不一定会乖乖待在食品标签里。比如矿泉水，它的生产日期有时候会印在瓶盖表面或者四周，有时在瓶身上，还有可能印在瓶子的包装上。

关于食品的保存，食品标签上通常会列出规定的保存条件，比如通风、干燥或者4℃冷藏等。有时保质期和保存期会同时出现在食品标签上，你需要在包装盒上仔细找一找。保质期和保存期究竟有什么区别？是生产商玩的文字游戏吗？实际上，

它们俩确实不一样，保质期又叫"最佳食用期"，国外也叫"货架期"，指的是在标签上规定的条件下保存，保证食品质量的日期。超过保质期的食品，如色、香、味没有改变，仍可食用。保存期可以理解为有效期，是指食品的最终食用期。超过了保存期的食品，质量会发生变化，因此不能再食用。根据《食品标签通用标准》，生产商可以任选或者同时标出保质期和保存期。

除此之外，食品标签还会在非常醒目的位置标出过敏原信息，这对那些对某种食物成分过敏的人来说，是至关重要的。

有机食品运动

66

目睹了一起又一起食品丑闻，看到食品污染达到如此惊人的程度之后，很多人非常担心食品安全。这就使得许多人开始转向有机食品——一种更为安全的选择。

99

即使是传统农贸市场也是信不过的。看着那些摆放整齐的蔬菜时，你无法判断它们是否洒过杀虫剂，或者是否是用污水浇灌的。对于一篮豆子，你也无法通过观察判断食用它们是否安全。我们需要安全可靠的食物，有机食品或许是一个不错的选择。

格伦·布伦德和他的有机大棚，这些有机蔬菜将销往费城的各大餐馆

什么是"有机"？

"有机"指的是一种产品生产、加工方式，"有机食品"是在种植或培育过程中不使用化学合成物的食品，比如：有机水果和蔬菜的种植不使用化学合成的肥料、杀虫剂或除草剂；有机肉的生产过程不使用抗生素。

事实上，食物最初就是以有机的方式进行生产的。只不过，近年来人们可能忘了植物没有除草剂或杀虫剂也能生长，又或者他们只是被误导而相信植物没有除草剂或杀虫剂就长不好。

美国宾夕法尼亚州加普镇的一位农民格伦·布伦德（Glenn Brendle）已经种植有机农作物几十年了，并且一直为宾夕法尼亚州的餐馆供应优质的食物。他说："有机食品最初是指按照杰罗姆·欧文·罗代尔（Jerome Irving Rodale）在有机食品运动中提出的要求种植的食物。"罗代尔先生是有机食品的倡议者和先驱，他从 20 世纪 50 年代开始出版有关有机农场的书籍，在美国掀起了一场有机农场的全国性运动，这一运动延续至今。布伦德说，"罗代尔宣扬的是这样一种理念：你可以向土壤中施以优良的改良剂，这些改良剂为植物提供营养，让它们健康生长，从而可以抵御害虫等天敌。"

一个好的农民不需要杀虫剂。植物并不是只会忍受可恶的昆虫攻击的无助受害者。事实上，健康的植物不会受到害虫的过多侵扰。想想你自己的健康状况，当你生活如意、吃得健康的时候，你的感觉会很好。但是当你在生活中遇到太多不顺、备受压力时，你就容易生病。植物也是如此。当它周围的土壤、水和空气受到污染使它无法获得所需营养时，病害就会随之而来。

所以，每次当你生病时，除了给你喷一些感冒喷雾以外，你的妈妈还会让你好好休息，给你准备一些健康、有营养的食物，直到你康复。这种方法对于植物来说同样适用。当然，你不可能给植物"喂"一碗肉汤，不过，你倒是可以"喂"土壤。

培育有机食品

对于农作物的生长来说，土壤肥力是最重要的。农民有多种方法保证土壤肥力。比如，当一种农作物（比如玉米）耗尽了土壤的养分时，农民会把它们移栽到另外一块田里，然后把另一种农作物（比如大豆或三叶草）移栽到原来的那块田里，以恢复土壤的养分。

有机大棚里种植的柠檬

农民也会向土壤中施加堆肥。农民把草、鸡粪、蛋壳、烂掉的水果和蔬菜堆在一起发酵，发酵过程中，有机物被分解，变成可以增加土壤肥力的堆肥。冬天，一些农民还会把从其他农场运来的动物粪便撒在自己的农田里。"我往农田里施加的肥料是我自己制作的，"布伦德说，"我有时从邻居那里买一些鸡粪，大多数时候这些粪肥来自我家的小公牛。"

开花的牛至

一些农民也会在农作物周围铺上一层覆盖物，包括木屑、草屑、稻草和切碎的叶子等。除了抑制杂草呼吸和保温之外，这些东西还能保持土壤水分（尤其是在炎热多风的日子里）。同时，它们会慢慢分解，产生的营养物质会渗入土壤中。

农民可以在自己的农场里种植各种各样的水果和蔬菜，大型农场则会种植一些方便运输的农作物。一般而言，有机食品都是些"传家宝"，它们是从几十年甚至几百年前的老品种代代繁衍而来的纯种植物，它们的味道会好些，也有多种颜色和形状。只不过，这些"传家宝"中有很多已经在市场上消失了，取而代之的是各种杂交品种。

对于农场和果园，有机耕作意味着你需要付出更多的劳动。"如果你想让你的农场看起来像喷洒过除草剂一样，那么你得花更多的时间和精力。"布伦德说。不过，他也指出不必事事做到极致："我并不会把我的农场弄得一点儿杂草都没有，一开始我会花很多时间保证农作物的良好开端，之后它们基本上就靠自己生长了。"这是因为，生长状态好的农作物本身可以抵御许多虫害，就像身体健康的你不容易得病一样。

在布伦德的农场里采用放养的方式养鸡，鸡的存在大大减少了田间的虫害，鸡粪自然而然地成了农作物的肥料

盛开在农场里的木槿花

农民用不同的方法让农作物远离虫害。不过，他们更希望农作物中存在少量的昆虫，比如瓢虫、草蛉、猎蝽和螳螂。这是因为，瓢虫和草蛉会吃蚜虫（一种吮吸植物叶片汁液的小虫），还会传播烟霉——植物身上的一种真菌，而猎蝽会吃叶蝉——一种较小的害虫，这些饥饿的昆虫将害虫的数量维持在可控范围内。为了保护农作物的小小生态圈，农民不会使用杀虫剂，因为杀虫剂会把"好"的昆虫一起杀掉。

有机食品为什么那么贵？

使用有机的方法生产避免了许多化学合成产品的使用，理论上降低了成本，可是为什么有机食品还这么贵呢？

有机食品之所以贵，其中一个原因是消费者愿意为了安全花更多的钱。在看了那么多有关食品污染的丑闻之后，人们只是简单地想吃一些没有被烟熏过或者被污水浇灌过的食物，他们不想在食物选择问题上犯难。不过，价格高昂会将一些低收入家庭拒之门外，尽管他们理应和其他人一样获得更好的食物。

然而，有机食品价格高昂的真正原因，是开创一个经政府认证的有机农场的成本非常高：政府要求农民花2~3年的时间改造土壤，待土壤中的化学物质达标后，才能申请有机农场的认证。然而，经过改造的农场约有一半无法通过认证。目前，中国的有机生产、加工及运输、销售产业链尚未成熟，有机产品在生产、劳动力投入、质量管理等过程中产生的成本较高，而且产出较低。这些都是造成有机食品价格居高不下的原因。

美国的有机食品认证非常昂贵、耗时。布伦德说，仅告诉你什么是有机食品的说明书就有500多页。"既然已经获得了有机食品的认证，你就得对你种植的所有东西进行详细的记录，"布伦德说，"你必须说明你的种子是从哪儿来的——它的来源必须是有机的；你也必须指出你往农田里添加了什么，是粪肥还是堆肥；你是

在暖房里烘干的辣椒

生长在大棚里的辣椒

布伦德从费城的餐馆收集用过的油，并把它们用作暖房里加热系统的燃料。图中布伦德正在检查他的加热设备

怎么制作的——肥料也必须是有机的。你必须从头到尾进行记录，这也是花钱的地方。"

如何辨别有机食品？

2012 年，中国推行了有机产品新标准，以建立一个更好的有机产品市场，为消费者带来更安全的食品。中国有 23 家认证机构，最有名的是国家环保总局有机食品发展中心（OFDC）。中国的有机产品认证标志有两种：中国有机产品标志和中国有机转换产品标志。当食物贴有这些标签时，就意味着它是在经中国国家认证认可监督管理委员会认可的农场里生产的有机食品或有机转换产品。

一些小型有机农场赚不到能支撑官方认可的足够的钱，于是他们组成了合作社，团结起来一起走出困境。北京附近种植有机产品的生产者建立了社区支持农业（CSA）模式，他们直接向公众出售肉类和蔬菜。很多当地的 CSA 生产者每周末会在北京有机农夫市集出售他们的产品。他们邀请顾客去参观他们的农场，了解为其种植农作物的生产者，从而让顾客放心购买。

尽管这些小型 CSA 农场付不起相关认证的费用，但他们也采用了一

中国有机产品标志

中国有机转换产品标志

中国的食品等级及标准

食品等级＼人工合成物质	农药	化肥	生长激素	转基因	标识
有机食品	禁止	禁止	禁止	禁止	
绿色食品	禁止	限制	限制	禁止	
无公害农产品	限制	限制	不限制	不限制	
普通食品	不限制	不限制	不限制	不限制	无

个严格的筛选模式，叫作"参与式保障体系"，即有机农场主相互参观并监测彼此的农场。农场主采用这一体系是为了确保每个人都承担起监督者的职责，并且也借此机会相互学习。类似于北京有机农夫市集的体系已遍布全国至少10个城市，目前全国已有500多家CSA农场。一些有机食品卖家在优质超市或者网上找到了消费者。

在某些方面，有机食品确实更健康——它们生长的土壤、水和环境都更安全。"传家宝"品种的多样性增加了可用的基因库，为蔬菜育种者寻找抗病基因和美味基因提供了更多的选择。一些研究表明，

有机水果和蔬菜可能有更高的营养价值，这是因为堆肥里含有更多的营养物质，而化学肥料中含有的矿物质种类较少。

布伦德说："与其说有机耕作是一系列法规，不如说它是一种思维模式。当你尝试有机耕种的方法时，你必须知道该做些什么，然后你需要朝着这个目标努力。你不能把道德写进法律，而有机耕种就是一种道德。它不是一种机械化的生产方式，它是一种艺术。"

尽管布伦德没有种植普通农产品的农民挣得多，但是他并不介意："我花的钱也没有他们多，所以，就我而言，一切都还好。"

我的有机花园

我曾是一名城市园艺家，负责维护我所居住城市的几处小花园。那时，我主要用有机的方法来养护植物。为了对付害虫，我集中精力"喂"土壤。废物填埋场的小伙子那儿有一大堆落叶和草屑，这些庭院垃圾慢慢地沤成了堆肥。我把卡车开到那儿，把堆肥铲进车厢。然后，这些堆肥来到了我的小花园，最后被土壤"吃"掉了。

然后，我再运一卡车木屑来覆盖那些堆肥。这样可以使杂草难以呼吸，并且保护植物的根系免受夏日骄阳或冬日霜冻之苦。木屑也使花园看起来更加整洁、漂亮。随着木屑的腐烂，它们还能为植物和土壤中的微生物提供食物，其实就是营养丰富的有机物。当土壤变得肥沃时，它可以支撑许多生物的生长，包括昆虫、节肢动物、细菌、真菌等。这些生活在土壤中的生物也可以通过多种方式提升土壤的肥力，也为植物的根系提供了更好的生长环境，让植物健康地生长。

因为有机意味着不能使用化学杀虫剂、除草剂或杀菌剂，我只能用无毒的材料达到目的。为了防止玫瑰出现小黑点，我给它们喷洒了一些用小苏打、水和几滴洗洁精混合而成的溶液。小苏打可以将叶片表面的pH降到足够低，使真菌无法生存，洗洁精可以使这种溶液沾在叶片上。对于严重的昆虫侵扰，我使用一种杀虫肥皂来杀死害虫，让植物恢复健康状态。为了杀死杂草，我使用了工业级别的醋，因为醋可以有效地阻碍杂草的光合作用。

你该喝什么水？

66

饮用水质量是人类健康的一个至关紧要的因素。饮用水的风险来自感染性微生物、有毒化学物质和放射性物质。水必须经过复杂的处理过程和高标准的检验，才有资格被称为"饮用水"。

99

不是所有的水都叫"饮用水"

气候变化、水资源稀缺、人口增长和城市化给水供应系统带来了严峻的挑战。各个国家对饮用水问题都相当重视，也根据本国国情制定了不同的饮用水卫生标准。现在全世界最权威的饮用水卫生标准有三部，分别来自世界卫生组织、欧盟以及美国。其他国家的饮用水卫生标准通常是在这三部饮用水卫生标准的基础上修改的，比如越南、马来西亚、巴西等国家就是直接照搬了世界卫生组织的饮用水标准，而法国、德国等欧盟国家在欧盟标准的基础上有所修改，我国的《生活饮用水卫生标准》则博采众长，又适应我国的特点和国情。

一般来讲，几乎所有的饮用水卫生标准中都包含有毒无机物、有毒有机物、微生物含量三项。随着科学技术的发展，最新发现的对人体有害的物质会添加到检测项目中。比如，一系列的研究发现，隐孢子虫是会引起人类腹泻的水源性寄生虫，很快英国就将隐孢子虫的含量列入了饮用水卫生标准中，他们的标准是每 10 升少于 1 个。

目前我国的饮用水检测项目有 106 项，其中有机物是 53 项，占了所有检测项目的"半壁江山"。由此可见，我国的饮用水污染主要来自有毒的有机物。某一种水只有完

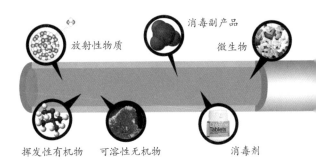

放射性物质　　消毒副产品　　微生物　　挥发性有机物　　可溶性无机物　　消毒剂

全通过了这 106 项检测，才能成为我国合格的饮用水。由此可见，想成为合格的饮用水，要经过的考验真不少呢！

我国的水安全吗？

各个国家的国情不同，水中的污染物类型也各不相同。欧美地区经济发达，发展水平高，水中对人体健康有害的物质很少，他们更注重的是改善水的口感，让水更好喝；而印度的生活水平比较落后，他们的水质安全问题主要集中在如何降低水中致病微生物的含量上。

我国是发展中国家，工业污染物（主要是各种有机物和重金属）是水的主要污染源。2014 年 3 月，环保部的一项调查显示，我国有 2.5 亿居民靠近污染企业。相对其他地区，沿海地区水中的重金属铅含量最高。

除此之外，最常见的污染是消毒副产品污染。2014 年 11 月到 2015 年 1 月，中华社会救助基金会对全国

29 个城市进行了水质检测，其中 15 个城市的饮用水全部合格，其余 14 个城市的水质则存在一项或多项不合格。其中最常见的是余氯超标，自来水公司常用次氯酸钠对水进行消毒，残留在水中的氯即为余氯。这些余氯就从灭菌的"英雄"变成了破坏水质的"凶手"。

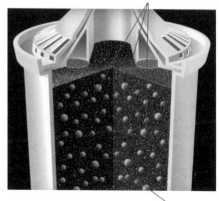

净水器滤芯的内部结构

离子交换树脂

活性炭

我家的水达标了吗？

依据上面的调查结果，虽然大部分的饮用水是合格的，但是毕竟还有部分水存在这样那样的问题，那么我们自己家里的水到底达标了没有呢？

首先要解决的就是余氯问题。在家里，我们可以使用余氯测试剂来检测，只要按照要求将试剂加入一定量的水中，再通过附带的比色卡就可以估算氯含量。

如果嫌试剂麻烦，我们还可以用"人体检测仪"。找一个白色的瓷碗盛满水，观察水中是否有悬浮物质；随后将碗静置三四个小时后观察碗底。如果碗底有杂质，就说明水质堪忧啦！如果水有类似消毒液的味道，那可能是余氯超标；也可以检查一下暖水瓶或热水壶，如果水垢很厚，也说明水质不佳。

工厂排放废水

降水中含有污染物

杀虫剂进入地表径流

石油泄漏

动物排泄物和动物尸体污染

药物混入水源

下水道排放污水

矿物质从土壤渗入蓄水层

地下水位

我该喝什么水?

中国人的普遍习惯是烧开水。煮沸会杀死水中的病原体或降低病原体的活性（包括像隐孢子虫一类的对化学消毒有抵抗力的原生动物，以及像轮状病毒和诺如病毒一类太小而无法通过过滤除去的病毒）；也可以消除氯仿一类的易挥发性有机物。因此白开水依然是最受欢迎的饮用水。但是在煮沸的过程中，水会蒸发，而残留在水中的有害物质，如硝酸盐和铅等则依然会留在水中。

桶装矿泉水是另外一种饮用水的选择，桶装矿泉水与自来水的处理过程不同，前者保留了人体必需的微量元素和矿物质，且口感明显要好于自来水。不过，桶装水的卫生问题同样不容忽视。除水本身普遍含有较多的微生物之外，水桶也存在安全隐患，有些桶甚至是用来源不明的塑料制成的"黑心桶"。

另一种选择是家用滤水壶或者在水龙头处接一个过滤器来给水质上个"保险"。滤水壶的作用是软化水质。如英国大部分地方的水质很硬，容易滋生水垢，所以英国人很爱用滤水壶。据有关统计，英国2450万个家庭中，有600万个家庭使用滤水壶。不过，滤水装置必须规范使用，滤芯也要定期更换，不然它们就会由水质保护者变成污染源!

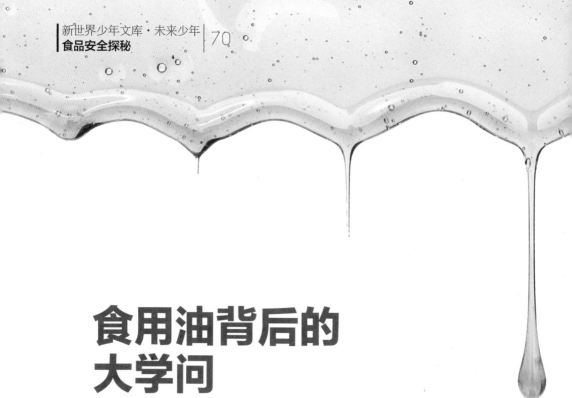

食用油背后的
大学问

这是一个有味道的谜语。你能猜出来吗？

什么东西可以漂在水上，可以燃烧却没有灰，可以产生能量，也能让轮轴不再嘎吱作响，还非常美味？请把这种东西的英文拼写补充完整：

E __ i __ __ __ O __ __ s

猜不出来吗？

好吧，给你 1 号提示——它的基本单位是一种叫作"甘油三酯"的脂类物质。每一个甘油三酯都包含一个单位的甘油和三个单位的脂肪酸。看看食品包装袋上的成分表，你会看到上面列着一种或多种这样的东西。

在这里写下其中一种类型：

_____。

还是被难住了？这条信息可能会有所帮助：脂肪和油基本上是同一种物质。我们一般根据它们的存在形式来进行区分：固态的是脂肪，液态的是油。

需要更多帮助吗？试试 2 号提示——这种神秘物质中的脂肪对你来说有利有弊，这就是为什么它们会出现在食物列表中。好的脂肪可以为身体提供能量，并且含有其他一些对健康有益的物质。不好的脂肪会附着在血管内壁上，增加心脏的负担。

A. 当血管被脂肪堵塞而心脏泵出的血量不变时，就会造成血管的：

☐高血压 ☐盐化 ☐变色 ☐压力

B. 以下哪一项有益健康?

□饱和脂肪酸　□反式脂肪酸
□单不饱和脂肪酸

（在正确答案前的□里画√）

你看到希望了吗? 还是猜不到答案? 下面这个提示让答案近在咫尺:

这种神秘的物质可以通过压榨或挤压植物果实或种子获得, 还可以从动物身上获得。它可以用来煎、炸、炒, 与面粉、糖和水搅拌在一起还可以让烘焙的食物分层。作为调料, 它可以为沙拉调味, 它也是一种用途广泛的食物伴侣。

这个谜语的答案就是——Edible Oils（食用油）!

压榨植物的种子

食用油在世界范围内使用广泛。根据 2015 年一家全球商业营销公司的数据, 制作食用油是脂肪和油类的主要用途。食用油可以用来制作黄油、起酥油、人造奶油、色拉油, 还可以直接用来烹饪。针对不同的烹饪方法, 或者为达到营养的目的, 还可以把不同的食用油混合在一起制成调和油。脂肪和油类的非食品用途包括饲养动物, 以及制造肥皂、护肤品、生物柴油、油漆、润滑油等。

很多植物的种子能经过压榨提取出油脂, 但是只有少量植物种子

棕榈树

棕榈果　　　　　棕榈油

橄榄油
——完美的食用油

橄榄油是世界级主厨和精明的家庭厨师的最爱。橄榄油常见于"地中海式"的菜肴，例如希腊人的日常饮食，常以橄榄油佐意大利面、蔬菜和海鲜，既可保持食材的原汁原味、清爽健康，也可让橄榄油发挥最大益处。

国际橄榄油协会通常把橄榄油分为初榨橄榄油和精炼橄榄油两大类。初榨橄榄油是最上等的橄榄油，它是从橄榄中不经加热而榨取的，一般称为"冷压初榨橄榄油"。这种方法获得的橄榄油保留了一些特殊化学成分，它们赋予了橄榄油青草香和胡椒香，这也是厨师所钟爱的。精炼橄榄油是指从不符合初榨橄榄油标准的橄榄油或者从初榨橄榄油的油渣中精炼得到的橄榄油，其在色泽和味道方面都略逊一筹。

初榨橄榄油含有丰富的单不饱和脂肪酸（占70%以上），它对身体十分有益。而且，由于未经化学处理，也不含添加剂，初榨橄榄油保留了橄榄中的维生素和其他天然成分，是非常完美的食用油。

适合榨油。棕榈油和大豆油是世界上生产量和消耗量最大的两种食用油。其他主要的食用油包括菜籽油、橄榄油、玉米油、亚麻籽油、葵花籽油和花生油。

能够通过压榨制造食用油的植物种子都有一些基本的化学成分，比如油酸、亚油酸、亚麻酸、硬脂酸和棕榈酸——这些脂肪酸的不同组合与甘油一起构成了甘油三酯。食用油之所以可以广泛用于烹饪正是因为这些脂肪酸的存在。不同的植物种子中各种脂肪酸的含量和比例不同，榨出的油也因此具有不同的特性。植物种子的处理程度（仅榨取原料油或进一步精炼得到特级精炼油）进一步拓宽了食用油在烹饪中的使用范围。

饱和？不饱和？反式？

由于在烹饪中的广泛使用，食用油与人们的健康切实相关。政府卫生部门认为消费者对他们选择的食物有知情权，所以要求食品标签必须列出食品的成分，其中与食用油相关的包括脂肪酸的种类和百分比。如此，消费者可以利用食品标签信息挑选有益健康的食品。

食品标签中通常会列出的脂肪酸有饱和脂肪酸、单不饱和脂肪酸和多不饱和脂肪酸三种类型。饱和脂肪酸是动物脂肪、黄油以及人造奶油的主要组成部分。在植物油中，椰子油中的饱和脂肪酸含量也很高，占到了其总量的91%。单不饱和脂肪酸主要有棕榈油酸和油酸，油酸是橄榄油和棕榈油的主要成分。常见的多不饱和脂肪酸主要有亚油酸和亚麻酸，鱼油中所含的 EPA（二十碳五烯酸）和 DHA（二十二碳六烯酸），也属于这类脂肪酸。

除此之外，食品标签还必须指出食品是否含有一种叫作"反式脂肪酸"的东西。反式脂肪酸是独立于饱和脂肪酸、不饱和脂肪酸分类体系以外的一种脂肪酸。严格意义上，反式脂肪酸也属于不饱和脂肪酸。它与天然不饱和脂肪酸（比如油酸）不同的是，它的不饱和键上两个碳原子结合的两个氢原子分别在碳链的两侧。这种脂肪酸主要来源于植物油的一种叫作"氢化"的处理过程。氢化可以让植物油变得耐热、不易变质，增加了

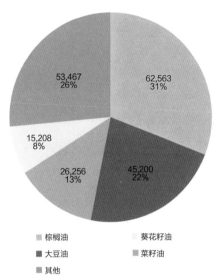

2015 年全球食用油的产量（单位：千吨）

- 棕榈油 62,563 31%
- 葵花籽油 53,467 26%
- 大豆油 45,200 22%
- 菜籽油 26,256 13%
- 其他 15,208 8%

饱和脂肪酸

多不饱和脂肪酸

单不饱和脂肪酸

按照有无不饱和键（性质活泼、容易发生反应的化学键），脂肪酸分为饱和脂肪酸和不饱和脂肪酸。根据不饱和键的多少，不饱和脂肪酸又分为两种：含一个不饱和键的单不饱和脂肪酸，以及含两个或两个以上不饱和键的多不饱和脂肪酸（如亚油酸）。天然不饱和脂肪酸不饱和键上的两个氢原子位于碳链同侧，如果两个氢原子位于不饱和键的两侧，就是反式脂肪酸

保质期，但是不完全的氢化却会产生反式脂肪酸这种副产品。反式脂肪酸通常存在于蛋糕、饼干、速冻比萨饼、薯条和爆米花中。另外，反复煎炸也会产生反式脂肪酸。

通常，人们都认为反式脂肪酸对人体是有害的，因为它能引起血液中胆固醇含量的升高，增加患心血管疾病的风险，反式脂肪酸也因此被称为"餐桌上的定时炸弹"。那么，饱和脂肪酸与不饱和脂肪酸比较，究竟哪个更好呢？

看英国科学家怎么说

在《有趣的食物进化史》中，我们提到了英国科学家所做的一项实验。研究团队发现，用植物油高温烹饪食物会产生大量的醛类化合物，它们可能导致癌症、心脏病以及阿尔茨

海默病等多种病症。橄榄油、玉米油和葵花籽油，无论是加热 10 分钟、20 分钟还是 30 分钟，产生的醛类物质都比黄油多，只有椰子油的情况比黄油好一些，椰子油被加热时产生的醛类致癌物最少。

通过分析它们的成分发现，这些产生醛类物质较少的食用油都有一个相同的特点，那就是多不饱和脂肪酸的比例非常低，猪油 10%，椰子油 9%，而黄油仅 4%。相反，葵花籽油和玉米油中多不饱和脂肪酸的比例相当高，分别为 72% 和 58%。事实上，这种差异正是造成它们产生醛类物质的数量不同的原因。科学家经实验证实，食用油加热时产生的醛类物质来源于多不饱和脂肪酸。加热时，多不饱和脂肪酸会历经一系列复杂的化学反应，比如过氧化，积累大量有

毒的醛类物质。于是，格鲁特维尔德建议人们尽量少吃富含多不饱和脂肪酸的植物油。

另外，牛津大学的神经科学教授约翰・斯坦（John Stein）通过研究发现，植物油中的多不饱和脂肪酸，对人体的危害相当于气候变化给地球带来的威胁。因为绝大多数植物油中的 ω-6 脂肪酸显著高于 ω-3 脂肪酸（除了亚麻籽油），而 ω-3 脂肪酸是维持大脑功能必需的成分，比如我们熟悉的 EPA 和 DHA。斯坦说："如果吃太多玉米油或者葵花籽油，大脑里的 ω-3 脂肪酸会渐渐被 ω-6 脂肪酸替代，缺乏 ω-3 脂肪酸会带来不少麻烦，比如患精神疾病或失语症等。"斯坦还表示，他已经不再吃玉米油和葵花籽油，而只吃橄榄油和黄油。

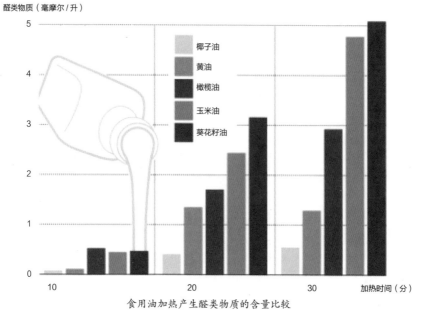

醛类物质（毫摩尔/升）

椰子油
黄油
橄榄油
玉米油
葵花籽油

加热时间（分）

食用油加热产生醛类物质的含量比较

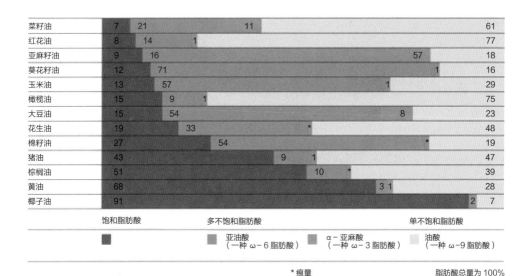

	饱和脂肪酸	多不饱和脂肪酸		单不饱和脂肪酸
		亚油酸（一种 ω-6 脂肪酸）	α-亚麻酸（一种 ω-3 脂肪酸）	油酸（一种 ω-9 脂肪酸）
菜籽油	7	21	11	61
红花油	8	14	1	77
亚麻籽油	9	16	57	18
葵花籽油	12	71	1	16
玉米油	13	57	1	29
橄榄油	15	9	1	75
大豆油	15	54	8	23
花生油	19	33	*	48
棉籽油	27	54	*	19
猪油	43	9	1	47
棕榈油	51	10	*	39
黄油	68	3	1	28
椰子油	91	2		7

*痕量　　　　脂肪酸总量为100%

食用油中脂肪酸成分的差异

你会选食用油吗？

猪油、黄油和椰子油等，它们产生的醛类物质最少，这就证明它们是健康的食用油了吗？答案是否定的，因为它们都有一个缺点，就是含有大量的饱和脂肪酸。研究表明，饱和脂肪酸会增加血液中胆固醇的含量，从而增加患心血管疾病的风险。相反，那些加热时产生醛类物质较多的植物油，比如玉米油、葵花籽油，它们也含有一些好的成分——单不饱和脂肪酸。单不饱和脂肪酸可以有效地减少血液中的胆固醇，降低患心血管疾病的风险。值得一提的是，多不饱和脂肪酸也不都是对人体有害的，只不过那些对人体有益的多不饱和脂肪酸（如 ω-3 脂肪酸）在植物油中的含量很低，它们大部分来源于海洋动物。

鉴于每种食用油的脂肪酸成分不同，我们首先应该根据自己的需要选择，最好不要单纯食用一种食用油。更重要的是，根据烹饪方式选择合适的食用油。比如，如果做炸鱼，就要考虑植物油中的多不饱和脂肪酸会产生醛类物质，那么多不饱和脂肪酸含量较低的植物油，比如橄榄油，就是个不错的选择。其实，最健康的选择，是尽量减少煎、炸、烘、烤等高温烹调方式。同时，注意食用油的存放条件，避免光照、受热，开盖后应尽快食用，因为食用油在储存过程中也会发生氧化。另外，在选择食品时，看一下食品标签上的脂肪酸种类。这些小小的举动会让你远离相关疾病的困扰！

如何健康减肥？

66

　　从小到大，不管是学校课堂上学到的知识，还是父母的
建议，都告诉我们，好的食物能维持身体健康，不好的食物
则会引起许多健康问题，并常常导致肥胖。食物真的有好坏
之分吗？事实好像并不像我们认为的那样……

99

250
千卡

100克
266
千卡

2004 年，电影导演摩根·斯普尔洛克（Morgan Spurlock）在拍摄纪录片《大号的我》（*Super Size me*）时证实，食用"不好的"食物会对人体造成危害。影片中，他连续 30 天只吃麦当劳的食物，其他什么都不吃。30 天后，他的体重增加了 11 千克。除了体重增加过快，他还出现了许多健康问题，比如肝中脂肪累积。然而，在约翰·格伦德斯特伦（Johan Groundstroem）进行的有关快餐对身体的影响的研究中，他连续 90 天只吃汉堡，体重却下降了。在研究过程中，他让两名学生只吃快餐，不过给他们的分量仅能维持他们身体代谢所需。结果发现，他们的体重下降了，只是胆固醇的水平有些高。

同样是吃快餐，两项研究却得到了截然不同的结果，那么，快餐究竟好还是不好？实际上，我们对食物的认识有很多误区。美国纽约营养与食品研究院教授玛丽恩·内斯特尔（Marion Nestle）说："食用过多食品会导致你的体重增加，不管是健康食品还是不健康食品。"2015 年 10 月的一项研究发现，低脂肪饮食与多脂肪、高热量饮食在减肥方面的效果一样。食物究竟是怎样影响健康的？我们还是先了解一下到底什么是健康。

健康的体重

对于健康，我们很难下定义。我们认为身体健康意味着身体内所有的骨骼、肌肉、器官等都能合理地执行各自的任务，维持身体的正常运行。比如，肌肉的总重量约占体重的 30%，它们在葡萄糖的分解中起到了重要作用。

医生和科学家使用体重指数（BMI）作为衡量一个人身体健康状况的可靠指标。BMI 是基于身高和体重得到的指标，其计算公式是 $BMI = 体重 / 身高^2$（体重单位：千克；身高单位：米）。BMI 在 18.5~24.9 范围内的人被认为是健康的，超过 25 即属体重超标，而 30 以上就是肥胖了。BMI 可以准确评估身体的健康状况，因为它考虑到了一般情况下个子高的人要比个子矮的人重这个事实。不过，BMI 并不总那么可靠，因为如果一个人有很多肌肉，他的 BMI 也会很高，但实际上他的身体很健康。

为什么肥胖让我们如此担忧？很显然，体重超标会引起很多健康问题，比如心脏病、高血压、糖尿病、中风等。肥胖对儿童的危害更为严重。过多的脂肪会侵蚀垂体，导致垂体后叶脂肪化，抑制生长激素的生成，严重危害儿童的生长发育。此外，肥胖还会引发儿童血液循环系统疾病以及糖尿病等，而且还会

你每天需要多少卡路里？

每 100 克水果所含能量

苹果	56 千卡	233 千焦
香蕉	95 千卡	397 千焦
樱桃	70 千卡	293 千焦
猕猴桃	45 千卡	188 千焦
杧果	70 千卡	293 千焦
橙子	53 千卡	222 千焦
木瓜	32 千卡	134 千焦
桃	50 千卡	209 千焦
西瓜	26 千卡	109 千焦
梨	51 千卡	214 千焦
菠萝	46 千卡	193 千焦

每 100 克蔬菜所含能量

西兰花	25 千卡	105 千焦
卷心菜	45 千卡	188 千焦
胡萝卜	48 千卡	201 千焦
菜花	30 千卡	126 千焦
茄子	27 千卡	113 千焦
生菜	21 千卡	88 千焦
洋葱	50 千卡	209 千焦
土豆	97 千卡	406 千焦
西红柿	21 千卡	88 千焦
豌豆	93 千卡	389 千焦

每 100 克谷物所含能量

大米	325 千卡	1359 千焦
小米	360 千卡	1505 千焦
面粉	341 千卡	1426 千焦

每 100 克鸡蛋、奶制品所含能量

牛奶	50 千卡	209 千焦
黄油	750 千卡	3135 千焦
奶酪	315 千卡	1317 千焦
奶油	210 千卡	878 千焦
煮鸡蛋	147 千卡	615 千焦
酥油	910 千卡	3804 千焦

主食所含能量

一片白面包	60 千卡	251 千焦
一个印度抛饼	280 千卡	1171 千焦

每 100 克肉类所含能量

培根	500 千卡	2090 千焦
牛肉	275 千卡	1150 千焦
鸡肉	140 千卡	585 千焦
烤鸭	330 千卡	1380 千焦
烤羊排	375 千卡	1568 千焦
烤羊腿	270 千卡	1129 千焦
五花肉	400 千卡	1672 千焦
猪蹄	290 千卡	1212 千焦
烧鹅	350 千卡	1463 千焦
火鸡	165 千卡	690 千焦

其他食物所含能量

1 勺糖	48 千卡	200 千焦
1 勺蜂蜜	90 千卡	376 千焦
100 毫升椰汁	25 千卡	105 千焦
100 毫升咖啡	40 千卡	167 千焦
100 毫升茶	30 千卡	126 千焦

卡路里是用于衡量食物能量的单位，通常出现在食品的标签中，1 卡路里相当于 4.186 焦耳，可以让 1 克水升高 1℃。在英文中，calorie（首字母小写）表示卡路里，Calorie（首字母大写）表示大卡（千卡），1 大卡 =1000 卡路里。

身体里卡路里的燃烧通常有三个途径：一是基础代谢，这是你的身体在休息的时候燃烧卡路里，基础代谢消耗的卡路里约占每日消耗能量的 65%；二是运动，通过运动消耗的卡路里约占每日消耗能量的 20%；三是消化食物，这是在食物的异化和同化过程中消耗卡路里，消化食物消耗的卡路里通常占每日消耗能量的 10%。

有一个非常简单的公式可以粗略计算你每日所需的能量——哈里斯-本尼迪克特方程（Harris-Benedict equation），它首次发表于 1918 年，分别在 1984 年和 1990 年得到了修正。

基础代谢率（BMR）= 10 × 体重（千克）+ 6.25 × 身高（厘米）- 5 × 年龄（岁）+ X。

其中，男性 X=+5，女性 X= -161。

计算出 BMR 之后，还要根据你的每日运动频率乘以相应系数：

运动频率	每日所需能量（大卡）
几乎不运动	BMR × 1.2
运动量较少（每周运动 1~3 天）	BMR × 1.375
中等运动量（每周运动 3~5 天）	BMR × 1.55
运动量较大（每周运动 6~7 天）	BMR × 1.725

影响智力发育、思维和动手能力。正因如此，越来越多的人开始了减肥计划，当然，其中不乏爱美人士，但大部分人还是为了让身体保持健康的状态。

健康的敌人——"供过于求"

目前，世界上的肥胖症患者正不断增加。2015 年美国疾病控制与预防中心的数据显示，美国近 60% 的人体重超标或在临床上被认定为肥胖，实际上，这些人中有 2% 已经属于重度肥胖了。在英国，不管男人、女人还是儿童，体重超标和肥胖症患者所占比例在 25%~30%。英国每年需花费 60 亿英镑用于诊治与肥胖症相关的疾病，而美国每年的花费已经超过了 2000 亿美元。

引起肥胖的原因并不是我们选错了食物，而是不懂得计算食物所含的能量。事实上，当我们吃某种食物的时候，这些食物可能会破坏身体的健康状态。比如，很多"不好的"食物会在体内快速分解，释放出大量糖分，这会引起血糖迅速增加。我们没必要完全拒绝这一类食物，但是要学会计算它们所含的能量。而且要注意的是，这类食物的饱腹感很差，过不了多久你又会觉得饿，这会让你无形中增加额外的能量摄入，最终导致肥胖。

一项研究发现，在过去的 50 年里，美国人的脂肪摄入量并没有明显变化，而糖的摄入量明显增加——平均年消耗量从 1966 年的 113 磅（1 磅 ≈ 0.45 千克）增加到 2001 年的 147 磅。根据人的体型和活动量估计，女性每天消耗的能量在 1200 大卡到 1500 大卡之间，男性则在 1500 大卡到 1800 大卡之间。如今快餐店遍地都是，快餐食品通常含有很高的能量，如果我们不精细计算，很容易导致摄入能量过多。

健康人的收支平衡

如果你本身没有肥胖的困扰，只是想变得更苗条一些，你只需保持合理、均衡的饮食，慢慢地减轻体重。控制体重的关键是控制新陈代谢，让你的身体更多地进行分解代谢。

节食减肥并不推荐，因为它可能会引起"溜溜球"综合征，一开始体重减轻非常明显，可是也会引起其他问题，比如肌肉减少、严重脱水，时间一长则会导致脂肪积累，体重很容易反弹，结果徒劳无获，而且身体状况比之前更糟，甚至可能要了你的命。哈佛大学医学院助理教授彼得·科恩（Pieter Cohen）博士说："如果你长期坚持一种饮食方式，5 年后，你的体重会减少 10 磅。但是，如果你节食的话，你的体重很可能会增加 10 磅。"

那么，应该尝试怎样的饮食计划呢？美国波士顿布莱根妇女医院营养科主任凯西·麦克玛纳斯（Kathy McManus）称："对于长期减肥计划来说，没有最好的饮食方式。"科学饮食的秘密在于保证你每日摄入的能量等于或少于你所消耗的能量。你根本不需要考虑这些能量究竟来源于哪里——到底是碳水化合物、蛋白质还是脂肪，这些都无所谓，减肥的诀窍就是保证把送入口中的食物消耗掉。要使为了减肥而制订的饮食计划奏效，只需要满足一个条件，那就是坚持。

消耗脂肪最有效的方式是运动，因为肌肉燃烧脂肪的速度比身体分解脂肪的速度快多了。运动不仅仅只是消耗脂肪那么简单，运动还可以释放内啡肽，促进激素平衡，让肌肉变强壮。据纽约威尔康奈尔医学院综合体重控制中心主任路易斯·亚隆（Louis Aronne）博士所讲，仅通过节食减肥可能会导致肌肉而不是脂肪减少，而运动有助于减少身体里的脂肪沉积。提起运动减肥，人们往往认为这项任务执行起来漫长而艰巨，但最近的一项研究发现，快速、高强度的举重训练比传统的跑步、骑自行车、爬楼梯的减肥效果更好，这使7分钟锻炼流行起来。

肥胖症患者如何减肥？

对于肥胖症患者来说，减肥更要制订一个长期的计划，不可过于追求短期效果。其中一个重要原因是，当我们为了减肥控制饮食时，我们的身体却做着食物短缺的假设，并依此调节我们的新陈代谢。身体会尽可能多地把脂肪储存起来，不仅为了维持体温，也是为了储存能量以备不时之需。而且，体重减少得太多也不好。通常，一个人的体重减少约3%~5%时可以明显改善健康状况。专家推荐的减肥速度是6个月内减少体重的5%~10%。大体来说，每天减少250~1000大卡的能量摄入，你在1周内可以减轻1千克。专家建议，在没有医生监督的情况下，一个人每天摄入的能量不得少于1200大卡。

减肥手术是指在胃和肠上做手术来帮助那些患有严重肥胖症的人减肥，一般仅适用于BMI ≥ 40的肥胖者。然而，这些人即使做了手术，也需要运动并保持健康的饮食。

均衡的饮食从改变生活方式开始。美国加利福尼亚大学营养学主任利兹·阿普尔盖特（Liz Applegate）认为，蛋白质的理想摄入量占每日摄取食物总量的20%。在一项研究中，900多位减肥者正是按照这种蛋白质比例来控制饮食的。适当减少饮料中的糖，也能减少能量的摄入。如果长期坚持，就可以渐渐达到健康减肥的效果。

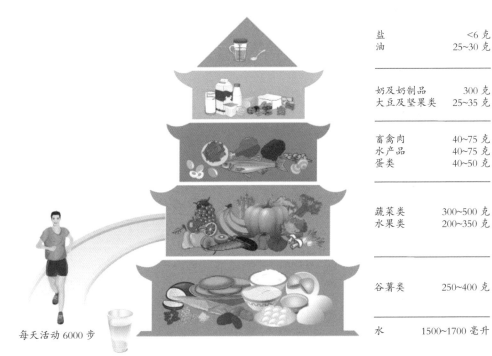

盐	<6 克
油	25~30 克
奶及奶制品	300 克
大豆及坚果类	25~35 克
畜禽肉	40~75 克
水产品	40~75 克
蛋类	40~50 克
蔬菜类	300~500 克
水果类	200~350 克
谷薯类	250~400 克
水	1500~1700 毫升

每天活动 6000 步

中国建议的饮食金字塔结构

美国建议的餐盘食物结构

食物也过敏?

66

你有过这样的经历吗? 因为吃了某种食物, 嘴巴周围非常痒, 嘴唇或者脸颊肿大, 全身长红色的小包, 抑或肚子不舒服, 呼吸不顺畅?

99

食物在"捣鬼"

吉姆刚刚出生两周，有一双大大的蓝眼睛。此时他正在妈妈的怀抱中熟睡。从今天起他要开始喝牛奶了。这不，他醒过来时，一杯热气腾腾、香味扑鼻的牛奶正等着他呢。可是，喝完牛奶不久，吉姆就开始流鼻涕、流眼泪。两三天后，他甚至出现了呼吸困难，体重也减轻了很多。而且，爸爸妈妈发现吉姆不仅仅是对牛奶，对很多含有牛奶成分的食物，比如黄油和奶酪，也表现出了同样的"排斥"，从此一家人的生活有了重大改变。家中不能出现任何与牛奶有关的食物，外出就餐更是要小心翼翼，一些美好的旅行计划也不能实现了。

安娜有花生过敏的困扰。在她一岁时，因为尝了一口花生酱，全身生出了荨麻疹。十二岁时，她去参加一个同学聚会，由于不小心碰到了吃了花生的人的身体，就马上休克，不得不被送到医院抢救。每到一所新学校，她都不得不去要求小卖部停止销售花生制品，要求食堂不要提供花生酱，因为她的周围连花生零食袋都不能出现！这让很多同学不喜欢她，也不愿意跟她接触。校园生活对于她来说是那么不容易。

这些食物到底在捣什么鬼？究竟哪里出了问题？是过期了，还是它们沾有细菌？

美味含有"坏"分子

其实，并不是食物本身的问题，而是食物中的某些蛋白质与我们的身体发生了一些奇妙的反应。人体有一整套精密的免疫系统，用来抵御外来入侵者，如细菌、病毒等。但有时候，免疫系统过于敏感，会把食物中某些无害的蛋白质认作敌人。这些蛋白质被叫作"过敏蛋白"，它们通常既耐热又耐酸，所以可以熬过烹饪和消化过程，通过小肠进入人体。

过敏蛋白第一次进入人体后，会遇到免疫系统的"哨兵"—— 一种T细胞。T细胞认出这些蛋白质是外来者，并断定它们是"坏人"后，就会唤起免疫系统的"战士"——B细胞。B细胞会释放出一种叫作"IgE"的抗体。这些IgE抗体在全身的血管中流动，一端捕获过敏蛋白，另一端则和免疫系统的另一种

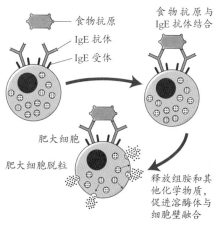

食物抗原

IgE 抗体

IgE 受体

食物抗原与 IgE 抗体结合

肥大细胞

肥大细胞脱粒

释放组胺和其他化学物质，促进溶酶体与细胞壁融合

抗体把引起过敏的蛋白质和肥大细胞结合起来，使得后者释放出导致皮肤红肿瘙痒的组胺和其他化学物质

"战士"——肥大细胞结合，激发肥大细胞释放出大量组胺和其他化学物质。这些物质会引起毛细血管扩张、呼吸道平滑肌收缩等，让人皮肤红肿瘙痒、流鼻涕甚至呼吸困难。抗体会停留在肥大细胞表面，这样当过敏蛋白再次进入体内遇到 IgE 时就会直接触发反应。这种过敏反应被称为"变态过敏反应"，即非正常免疫应答。

过敏反应存在的时间长短不一，对某种食物是否过敏也不是一成不变的，这是因为免疫系统也在不断地学习和调整。对于新生儿来说，随着免疫系统的成熟、胃肠道通透性的变化，以及对食物耐受性的提高，他们对牛奶、鸡蛋等过敏原的敏感性会在 1~3 年内消失。但是成人对坚果、花生以及海鲜等食物的过敏可能会维持很长时间。原本对某种食物并不过敏的人，也有可能变得过敏。

匪夷所思的过敏原

由于每个国家的饮食习惯和人群基因不一样，食物过敏的表现也会不同。除牛奶、鸡蛋、海鲜之外，很多中国人对荞麦过敏，很多以色列人对芝麻过敏，很多巴西人对小麦过敏。在美国，有 1.1% 的人对花生过敏，可中国却鲜有人对花生过敏。这是为什么？因为中国人喜欢吃煮花生或炒花生，而美国人喜欢食用高温干烤花

生。在高温的作用下，花生中蛋白质的致敏性会增强。

你听说过有人对苹果过敏吗？尽管这在中国很罕见，在北欧却非常普遍。许多人吃了苹果后，口腔、喉咙和嘴唇会感到刺痛或瘙痒，很不舒服。然而，造成这种现象的原因并不是体质的差异，而是环境。北欧生长着很多桦树，桦树花粉中有一种蛋白质会引起免疫系统的警觉，从而导致花粉过敏症。免疫系统制造的用来对抗花粉蛋白质的抗体会长期保留在血液中，以备"敌人"再次来犯时能迅速发生反应。而苹果中的某种蛋白质跟这种桦树花粉蛋白质很像。免疫系统在接触桦树花粉之前，会把苹果蛋白质视为无害的"游客"。而在接触了花粉蛋白质之后，保留在血液中的抗体遇到苹果蛋白质时就会把它认作"敌人"，立刻发动进攻，从而引发过敏。因此，桦树分布的区域往往有许多人对苹果过敏。

与桦树花粉导致的苹果过敏相比，另一种过敏更让人郁闷。在北美和澳大利亚，有些人会突然对猪、牛、

可能引起过敏的桦树和食物

羊肉过敏，曾经的美味甚至会引起呼吸困难和心脏衰竭。导致这种红肉过敏症的罪魁祸首是一种叫作"蜱"的小虫子。蜱在叮咬时会把唾液中的一种叫作"α-半乳糖"的糖类物质注入人体内，人体会把这种糖类当作外来异物，产生一些抗体保留在体内。当人们进食含有这种糖类的猪、牛、羊肉时，免疫系统就会迅速做出反应，引起可怕的过敏。

避免食物过敏

一般情况下，大部分过敏的人只对某一类食物过敏，很少有人同时对坚果和海鲜过敏。不过，对同类食物的多个品种过敏却很常见。研究发现，30%以上对鱼过敏的人会同时对好几种鱼过敏，25%对谷物过敏的人也会对几种粮食过敏。因此，如果一个人对虾过敏，那么虾类食品他是一定不能尝试的，比如虾仁、虾米，但是其他不会让他过敏的海鲜，比如鱼、螃蟹，他是可以放心食用的，不至于因为对虾过敏就得放弃所有海鲜。

令人头疼的是，食物过敏很难被预先发现，也没有药物或者疫苗来预防。通常检测过敏的方法，就是测试各种过敏原，一旦被诊断为对某种食物过敏，就得严格避免食用和接触过敏食物。像安娜那样的食物过敏症状，是最严重并且最危险的过敏反应——

在超市，有不含麸质（小麦中的一种蛋白质）的面包供麸质过敏的人选择

过敏性休克。患者接触到哪怕只是一点点的过敏原，短时间内就会迅速发生支气管肿胀，血压降低，引发虚脱和窒息。遇到这种情况，必须及时拨打急救电话，因为患者只能靠立即注射肾上腺素来抢救。对于其他过敏引起的中度症状，可以通过服用抗组胺或类固醇药物来缓解。患者必须随身携带药物，以备不时之需。

为了帮助像吉姆和安娜这样受食物过敏困扰的人，我们可以给食品贴上标签，标明它们的成分，或者标注可能的过敏原。这样，有食物过敏症的人在选择食品时，可以根据标签上的信息有效地避免误食，尽管这些食品真的很美味！

在加工食品的标签上，要注明可能导致过敏的成分

特别篇：莎莉家的农场

莎莉拿着沉重的试剂盒，在谷仓之间来回奔走。这些试剂是她的爸爸专门寄给她的。太阳已经开始西沉，在农场留下了斜长的黑影，风势也在渐渐加强。莎莉一边搬着沉甸甸的试剂，一边还要注意脚下，真的很不容易。但是 FDA 的这次调查对于农场和他们一家非常重要。经过几轮奔波，莎莉已经准备好了酶联免疫吸附测定（ELISA）需要的样品。"三份样品，各 500 克，细细研磨。加入酶，等到变色。简单的颜色变化，但变为何种颜色意义重大，非常大。"

"啊！"莎莉被藏在影子里的土坎绊了一下，她踉跄几步，竭力保持平衡，结果还是重重地摔在了谷仓前面，手里的试剂盒滑了出去，飞掠过地面，滚落在一扇打开的谷仓门前。

"不要！

"如果摔破了，那就没法化验那些庄稼了！"她跌跌撞撞、手脚并用爬了过去，"千万别破，千万别破！"

正在她把手伸向试剂盒，将要够到的时候，一只男人的手伸了过来，捡起了试剂盒。是 FDA 的调查员！

"小姐，这是你掉的吧？"调查员低头看着莎莉，用另一只手把她扶了起来。

"是，是的！"莎莉紧张得有些结巴，"我掉的！对不起，摔破了吗？"

两人一起走进谷仓的时候，调查员打开了试剂盒的盖子。莎莉心里七上八下地盯着盒子，紧跟着调查员不放，然后她的视线转到了那个人的身上。他看起来挺年轻，不过比莎莉大几岁。

不知道他有没有女朋友？莎莉赶紧把这个想法从脑袋里面赶走了。她想：现在最重要的是通过化验，保护农场。地里一大片花生正等着采摘，但是两个竖仓还都满是玉米。如果化验是阳性的话……不，不可能是阳性的。

她回过神，看到调查员正冲着她微笑，看来她准是没听到他刚才的话。

"不好意思，您刚……"她的脸上阵阵发烫。

他又笑了，莎莉的脸更红了。"我刚才说，我有一次从谷仓升降机上把试剂盒掉了下去，像你那样摔了一下，根本就不是事儿。"

"是的，先生。"

"请叫我泰德就好了。"他的嘴咧得更大了。他笑起来真好看。

"我叫莎莉。"

泰德把试剂盒放在试验台上，选出一小瓶蓝色的酶。他把瓶子举高，用力摇了摇，两人都能看得清楚。

"我看这个没啥问题，你说呢，莎莉？"

莎莉长舒了一口气。这个试剂盒并不贵，但是很好用。用酶试剂化验样品可比让泰德带着样品回到FDA的实验室强。那样的话来回得花好多天，如果天气不好，她们还得赶紧把花生采摘入仓。这么一来，还得先把仓里的玉米卖掉，可是要卖掉玉米，又必须要有FDA的化验结果……

"你在听我讲吗，小姐？"

莎莉的注意力一下子又回到了眼前这个人身上。

"对不起，我有点走神了。"她赶紧道歉。

"我知道。"泰德边说，边把实验台旁边桶里的玉米样品取了出来。这份样品是莎莉亲自准备的，她从谷仓里面取了10磅玉米，细细研磨成均匀的颗粒。她又认真检查确定没有黄绿色的霉斑，甚至还用调查员带来的便携式紫外线灯照射过，没有发现黄曲霉的踪迹。这是个好兆头，但是莎莉还是很紧张，因为泰德手里的试剂非常灵敏，足以检测出含量十亿分之一到十亿分之二的黄曲霉毒素。虽然精度上还是不能和实验室相比，但足以满足调查员的需求了，至少莎莉是这么认为的。

"你知道我们为什么到这儿来吧？"泰德说。

"因为乳制品厂的问题？"

最近县里的乳制品厂关闭了，因为FDA在牛奶里发现了黄曲霉毒素。

莎莉听说黄曲霉毒素的浓度超过了一亿分之六！虽然这个浓度并不高，但是超过一亿分之二就对人体有害了。这个限额不只是针对制作乳制品的牛奶，莎莉家农场种植的花生和玉米也得满足这个要求。

"没错，还好在乳制品上市前就发现了问题。好多牛奶被销毁了，但是安全第一嘛。"泰德说。

如果一个人摄入过量的黄曲霉毒素，就会引发中毒，导致呕吐、腹痛、肺水肿、抽搐、休克甚至死亡。莎莉为了检测霉菌接受过专门的培训，她知道，哪怕一丁点被污染的谷物也会对食用的人或者畜禽带来很大的危害。她也同意安全第一的观点，她有个叔叔，患了类似黄曲霉毒素中毒的肝损伤，她可不希望再发生这种事情。可是，牛奶出了问题，和她家的农场又有什么关系呢？

"我声明，我也同意安全第一，但是这和我家农场有什么关系？"

泰德把几克玉米粉放进瓶里，用力摇晃。瓶里那种亮蓝色的液体里含有一种酶和一种吸附媒介，如果玉米粉中存在黄曲霉毒素，液体就会褪色变黄。黄色的程度越深就表明样品中的黄曲霉毒素含量越高。莎莉曾经用过这种试剂，她知道它可以轻松检测出一亿分之二的黄曲霉毒素，高于这个浓度的任何食物都不能食用。这也意味着爸爸不能把谷仓里的玉米卖给分销商。尽管可能还可以做饲料或者用来榨油，但是利润远远不如作为食物出售。

"那个，我们已经把黄曲霉毒素的源头缩小到彼得逊农场了，就从你家这条路一直走下去就是。"

"千万别！"莎莉和彼得逊家非常熟，如果他们家是黄曲霉毒素的源头，那么她家的农场搞不好也被感染了。今年全县大旱，生长季里庄稼长得都不好。天气对于农场至关重要，不论是太干旱还是太湿润，时间一久，都会导致玉米壳或者花生壳开裂，让霉菌有机可乘。感染严重的庄稼可以

拿紫外线灯检测或者通过霉斑判断，但如果是轻微感染，肉眼无法发觉，这就有大麻烦了。

"那么接下来呢？"

"接下来我们到所有向彼得逊农场提供饲料的农场化验，如果能够找到被污染的饲料就好办了，只要更换成干净的饲料，等个几天，彼得逊的牛奶就没问题了。所以现在的关键就是找到被污染饲料是从哪儿来的。"

"那检测结果呈阳性的那家农场怎么办？"

泰德摇晃着小瓶，仔细斟酌着该怎么回答这个问题。

"嗯，如果污染太严重，我们就得限制这批谷物的使用，比如超过一亿分之三十，这些玉米就只能拿来做肉牛饲料或者是榨油。"

"那么奶牛饲料呢？"

"黄曲霉毒素不仅会影响奶牛的生产性能和体质，其代谢产物还会进入牛奶，进而危害人类健康，所以用来饲养奶牛的饲料也采用了高标准。"

这下莎莉心里真的没底了。如果他们家的玉米被感染了怎么办？如果花生也没逃过呢？

"化验结果怎么样？"

泰德举起小瓶，对着光线，又摇了摇。围绕玉米粉颗粒旋转的液体仍然是明亮的蓝色。泰德看了看小瓶，又看了看莎莉，非常认真。

"这是我这一周来看过的最漂亮的蓝色，肯定不会超过一亿分之二。"

莎莉彻底长舒一口气，想赶紧去把好消息告诉爸爸。

"等等莎莉，我刚才太急了。"

"急？"

"没错，太急了。"

莎莉的心又悬了起来。泰德的脸上还挂着微笑，那么这次又会是什么问题呢？

"我说的不对，这种蓝色怎么也不能和你眼睛的颜色相比。"

莎莉脸红了。